全国技工院校数控加工类专业通用（中级技能层级）

数控机床编程与操作（第四版
数控铣床　加工中心分册）习题册

中国劳动社会保障出版社

简介

本习题册是全国技工院校数控加工类专业通用教材（中级技能层级）《数控机床编程与操作（第四版 数控铣床 加工中心分册）》的配套用书。本习题册紧扣教学要求，按照教材章节顺序编排，知识点分布均衡，题型丰富多样，难易配置适当，有助于学生复习巩固所学知识。

本习题册由周春然主编，吉琳、薛龙参加编写。

图书在版编目(CIP)数据

数控机床编程与操作（第四版 数控铣床 加工中心分册）习题册/周春然主编. -- 北京：中国劳动社会保障出版社，2018

全国技工院校数控加工类专业通用. 中级技能层级

ISBN 978 - 7 - 5167 - 3585 - 5

Ⅰ. ①数… Ⅱ. ①周… Ⅲ. ①数控机床 - 铣床 - 程序设计 - 中等专业学校 - 习题集 ②数控机床 - 铣床 - 操作 - 中等专业学校 - 习题集 Ⅳ. ①TG547 - 44

中国版本图书馆 CIP 数据核字（2018）第 160272 号

中国劳动社会保障出版社出版发行

（北京市惠新东街 1 号 邮政编码：100029）

*

北京昌联印刷有限公司印刷装订 新华书店经销

787 毫米 ×1092 毫米 16 开本 8. 25 印张 194 千字

2018 年 7 月第 1 版 2024 年11月第 8 次印刷

定价：13. 00 元

营销中心电话：400-606-6496

出版社网址：http://www. class. com. cn

http://jg. class. com. cn

目　录

第一章　数控铣床/加工中心及其编程基础

第一节　数控铣床/加工中心概述

一、填空题

1. 数控机床是指采用____________________________，并按给定的运动轨迹进行自动加工的机电一体化加工设备。

2. 数控车床是用于完成____________ 的数控机床。

3. 根据数控机床的用途，用于完成________加工或________ 加工的数控机床称为数控铣床。

4. 带有____________________和____________________的数控机床称为加工中心。

5. 数控钻床是一种________________________的数控机床，即控制刀具从一点到另一点的位置，而不控制________________。

6. 加工中心由机床本体、____________________、____________________、辅助装置等几部分构成。

7. 刀库通过机械手实现与主轴上刀具的交换，主要分为____________________和____________________ 两种。

8. 写出本地区四个常用数控系统：____________________、____________________、________________、________________。

二、选择题

1. 以下机床中，不属于数控机床的是（　　）。

   A. 数控磨床　　B. 数控车床　　C. 数显机床　　D. 加工中心

2. 数控机床的 ATC 是指（　　）。

   A. 刀库　　B. 数控系统

   C. 自动排屑装置　　D. 刀具自动交换装置

3. 在工件上仅需完成钻孔、攻螺纹工作，宜选用（　　）。

   A. 普通铣床　　B. 数控钻床　　C. 加工中心　　D. 数控电加工机床

4. SIEMENS 数控系统中，（　　）系统采用步进电动机驱动。

   A. SIEMENS 840D　　B. SIEMENS 802D

   C. SIEMENS 810D　　D. SIEMENS 802S

5. 下列装置中，不属于加工中心辅助装置的是（　　）。

   A. 气动装置　　B. 冷却装置　　C. 数控装置　　D. 排屑装置

6. 以下数控系统中，我国自行研制开发的系统是（　　）。

A. 发那科系统　　B. 西门子系统　　C. 海德汉系统　　D. 华中数控系统

三、判断题

1. 带有回转刀库的数控车床可以归类为加工中心。（　　）
2. FANUC 0i – MC 是用在数控车床上的数控系统。（　　）
3. 数控线切割机床利用两个不同极性的电极在绝缘液体中产生的电蚀现象，去除材料而完成加工。（　　）
4. 数控机床的核心装置是数控装置。（　　）
5. 立式加工中心安装后，应保证垂直导轨与两水平导轨之间的垂直度等要求。（　　）
6. 加工中心的液冷指采用切削液进行冷却。（　　）

第二节　数控加工与数控编程概述

一、填空题

1. 数控加工的实质是数控机床按照编制好的____________通过________过程，自动地对零件进行加工。
2. 首件试切有两个作用，一是校验所编制的____________，二是校验工件的____________。
3. 数控编程可分为____________和____________两类。
4. 数控编程按照分析零件图样、________________、____________、编写程序单、________________、校验程序的步骤进行。
5. 常用的控制介质有________________、________________、________等。
6. 实现自动编程的方法主要有__________自动编程和______________自动编程两种，后者是利用____________软件生成加工程序。
7. 数控系统可以识别的指令称为________，制作________的过程称为____________。
8. 常用的数控加工与造型设计软件有____________、____________、____________、____________等。

二、选择题

1. 下列批量的工件，（　　）的工件最适合用于加工中心等数控机床加工。

A. 多品种、小批量　　B. 中小批量

C. 大批、大量　　D. 皆可

2. 对于复杂的轮廓表面，如复杂的回转表面和空间曲面，宜选用（　　）进行加工。

A. 普通铣床　　B. 数控车床

C. 加工中心　　D. 数控电加工机床

3. 以下数控机床的特点中，最能体现加工中心特点的是（　　）。

A. 加工精度高　B. 工序集中　C. 生产效率高　D. 柔性加工

4. 切削三要素不包含（　）。

A. 切削速度　B. 进给量　C. 主轴转速　D. 背吃刀量

5. 下列软件中，我国自行研制开发的软件是（　）。

A. CAXA　B. CITIA　C. UG　D. SOLIDWORKS

6. 能在数控机床上加工的结构形状复杂的零件不包括（　）。

A. 凸轮类零件　B. 异形零件

C. 叶轮类零件　D. 模具类零件

三、判断题

1. 手工编程的优点是效率高、程序正确性高。（　）

2. 设计加工程序包括刀具选择、刀具安装、数值计算等内容。（　）

3. 外形不规则的异形零件不适合在数控机床上加工。（　）

4. 对于程序的校验，可直接在 CRT 显示屏上进行。（　）

5. 为满足数控铣床、加工中心的加工需要，常通过数控系统本身具备的固定循环功能来简化编程。（　）

第三节　数控铣床/加工中心编程基础知识

一、填空题

1. 建立机床坐标系是为了确定机床各坐标轴的运动方向和移动距离，该坐标系也称为______________。

2. 在右手笛卡儿坐标系中，拇指的方向为____轴的正方向，食指指向____轴的正方向，中指指向____轴的正方向。

3. 在机床坐标系中，平行于____________的方向为 Z 方向，而____轴的方向一般为水平方向，同时规定刀具________工件的方向为正方向。

4. 对于立式数控铣床，从刀具主轴向立柱看，水平向____的方向为 X 轴的正方向。对于卧式数控铣床，则从主轴向工件看，水平向____的方向为 X 轴的正方向。

5. 一个完整的程序由______________、______________和______________三部分组成。

6. FANUC 系统的程序号以字母____开头，其后为____________，数字前的零可省略。

7. 作为主程序结束标记的 M 代码有________和________。SIEMENS 系统子程序结束标记为________、________，或字符________。

8. 程序段格式有____________程序段格式、______________程序段格式、________程序段格式三种。

9. 关于程序段后的程序注释，FANUC 系统用“____”括起来，而 SIEMENS 系统则跟在符号“____”之后。

10. 机床原点是数控机床进行加工运动的____________点，该点一般设在坐标系____

方向的极限点处。

二、选择题

1. 程序段前加符号“/”表示（　　）。
   A. 程序停止　B. 程序暂停　C. 程序跳过　D. 单段运行
2. 当使用 EIA 标准代码时，结束符为（　　）。
   A. “CR”　B. “LF”　C. “;”　D. “*”
3. 下列 FANUC 程序号中，表达错误的程序号是（　　）。
   A. O66　B. O666　C. O6666　D. O66666
4. 下列代码中，在程序里可以省略并可以颠倒次序的代码是（　　）。
   A. O　B. G　C. N　D. M
5. 在很多数控系统中，（　　）在手工输入过程中能自动生成，无须操作者手动输入。
   A. 程序段号　B. 程序号　C. G 代码　D. M 代码
6. 数控编程时，应首先设定（　　）。
   A. 机床原点　B. 机床参考点　C. 机床坐标系　D. 工件坐标系
7. 立式加工中心工件坐标系 Z 方向的原点一般取在工件的（　　）较为合适。
   A. 下平面　B. 上平面　C. 对称中心　D. 任意位置
8. 程序号开头前两位可以是任意字母的数控系统是（　　）。
   A. 发那科数控系统　B. 西门子数控系统
   C. 三菱数控系统　D. 华中数控系统
9. 程序内容应具备六个基本要素，但不包括（　　）。
   A. 准备功能字　B. 尺寸功能字　C. 进给功能字　D. 注释字

三、判断题

1. 机床坐标系的方向永远假定工件相对于静止刀具而运动。（　）
2. 数控机床坐标系采用左手笛卡儿坐标系。（　）
3. SIEMENS 系统可直接用英文字母开头的多字符程序名来代替程序号。（　）
4. 机床原点是机床上设置的一个固定的点，一般情况下不允许用户进行更改。（　）
5. 工件坐标系原点的选择可随心所欲，无规律可循。（　）
6. 一个完整的程序可以只包括程序号、程序内容。（　）
7. SIEMENS 系统中，子程序 L10 和子程序 L010 是指同一个程序。（　）
8. FANUC 系统中，程序 O10 和程序 O0010 是指同一个程序。（　）
9. 对于所有系统，在同一机床中的程序号不能重复。（　）
10. 程序段是按程序段号数值的大小顺序来执行的，程序段号数值小的先执行、大的后执行。（　）

第四节　数控机床的有关功能及规则

一、填空题

1. 数控系统常用的系统功能有____________、____________和____________三种，这些功能是编制数控程序的基础。

2. “T1 D2;”表示选用____________及选用______________________________中的补偿值。

3. 根据加工的需要，进给功能分________进给和________ 进给两种，其单位分别用____________和____________表示。

4. 主轴的转速分为线速度 v 和转速 s 两种，前者用 G 代码______表示，后者用 G 代码______表示，两者的关系为_____________。

5. 主轴正转用指令______表示，主轴反转用指令______表示，主轴停转用指令______表示。

6. 在程序中一经指定即能保持连续有效的代码称为________指令，又称为________指令。仅在编入的程序段内生效的代码称为__________指令，又称为__________指令。

7. 平面选择指令可分别用 G 代码 G17、G18、G19 来表示，其中 G17 表示选择______平面，G18 表示选择______平面，G19 表示选择______平面。

8. ____________指程序中坐标功能字后面的坐标是以原点作为基准表示刀具终点，坐标指令用 G 代码 G90 来表示。____________指程序中坐标功能字后面的坐标是以刀具起点作为基准表示刀具终点，坐标指令用 G 代码 G91 来表示。

9. 程序中的进给速度，对于直线插补，为______________________________；对于圆弧插补，为_________________________。

10. 在实际操作过程中，可通过机床操作面板上的主轴倍率开关来对主轴转速值进行修正，一般其调整范围为________________。

二、选择题

1. “G00 G01 G02 G03 X100.0 …;”指令中实际有效的 G 代码是（　　）。

A. G00　　B. G01　　C. G02　　D. G03

2. 在程序执行过程中，程序结束后返回主程序开头的代码是（　　）。

A. M30　　B. M02　　C. M17　　D. M99

3. 以下指令中，（　　）是辅助功能指令。

A. M03　　B. G90　　C. Y30.0　　D. S600

4. 数字单位以脉冲当量作为最小输入单位时，指令“G91 G01 X100;”表示移动距离为（　　）mm。

A. 100　　B. 10　　C. 0.1　　D. 0.001

5. SIEMENS 系统中表示公制的 G 代码是（　　）。

A. G20　　B. G21　　C. G70　　D. G71

6. 已知刀具直径为 D，转速为 1 000 r/min，则其切削线速度为（　　）m/min。

A. πD　　B. $2\pi D$　　C. $1\ 000\pi D$　　D. $\pi D/1\ 000$

7. 下列指令中不属于开机默认代码的是（　　）。

A. G04　　B. G01　　C. G80　　D. G94

8. 与 G03 不属于同组代码的是（　　）。

A. G00　　B. G33　　C. G80　　D. G02

9. 当输入“X10. 3456”时，经系统处理后的数值为（　　）。

A. X10. 3456　　B. X10. 345　　C. X10. 346　　D. X10

10. FANUC 系统中选择公制、增量坐标进行编程，应使用的 G 代码为（　　）。

A. G20 G90　　B. G21 G90　　C. G20 G91　　D. G21 G91

11. 根据程序段“G94 G90 G00 X0 Y0；G01 X30 Y40 F100；”，当执行 G01 指令时，在 X 方向刀具的移动速度为（　　）mm/min。

A. 100　　B. 80　　C. 60　　D. 40

12. 当执行完程序段“G90 G00 X20. 0 Y30. 0；G91 G01 X10. 0 Y20. 0 F100；X－40. 0 Y－70. 0；”后，刀具所到达的工件坐标系中的位置为（　　）。

A. X－40. 0 Y－70. 0　　B. X－10. 0 Y－20. 0

C. X20. 0 Y30. 0　　D. X10. 0 Y20. 0

三、判断题

1. 从 G00 到 G99 的 100 种 G 代码中，每种代码都具有具体的含义。（　　）

2. 当前我国使用的各种数控系统只允许使用两位数的 G 代码。（　　）

3. 准备功能字 G 代码主要用来控制机床主轴的开停、切削液的开关和工件的夹紧与松开等机床准备动作。（　　）

4. “G94 G01 X20. 0 F1. 5；”表示刀具的进给速度是 1. 5 mm/min。（　　）

5. “G90 G94 G40 G80 G17 G21 G54；”指令中出现了多个 G 代码，因此该程序段不是一个规范的程序段。（　　）

6. 所有的 F、S、T 代码均为模态代码。（　　）

7. 数控系统中对每一组代码指令，都选取其中一个作为开机默认代码。（　　）

8. 圆弧插补中的进给速度为圆弧法线方向的速度。（　　）

9. G18 平面的第一坐标轴为 Z 轴。（　　）

10. 在 SIEMENS 系统的同一程序段中，可以同时指定增量坐标和绝对坐标。（　　）

第五节　数控铣床/加工中心编程的常用功能指令

一、填空题

1. 快速点定位指令为____________，直线插补指令为___________，G02 指令表示

____________________，G03 指令表示____________________。

2. 圆弧圆心位置的确定有两种形式，一种以圆弧起点、终点坐标及____________来确定圆心位置，另一种以圆弧起点、终点坐标及________________的________值确定圆心位置。

3. FANUC 系统中与调用子程序有关的 M 代码是______和______，而与切削液有关的 M 代码是______和______。

4. 当圆弧圆心角小于或等于 180°时，程序中的 R 用________表示；当圆弧圆心角大于 180°并小于 360°时，R 用________表示。

5. FANUC 机床面板上的按钮“F0”“F25”“F50”和“F100”可对______移动速度进行调节。

6. G04 指令一般用于__________、__________等的光整加工。

7. G27 指令中“X_ Y_ Z_”是指该参考点在______________中的坐标值。

8. “G04 X10.0;”表示刀具____________________。

9. “G90 G01 X－30.0 F100;”表示刀具在 *X* 方向移动________。

10. SIEMENS 系统中，返回固定点的指令为____________。

二、选择题

1. 下列指令中，不会使机床产生任何运动，但会使机床屏幕显示的工件坐标值发生变化的指令是（ ）。

A. G00 X_ Y_ Z_; B. G01 X_ Y_ Z_;

C. G03 X_ Y_ Z_; D. G92 X_ Y_ Z_;

2. FANUC 系统返回 *Z* 向参考点指令“G91 G28 Z0;”中的“Z0”是指（ ）。

A. *Z* 向参考点 B. 工件坐标系 *Z*0 点

C. *Z* 向中间点与刀具当前点重合 D. *Z* 向机床原点

3. 用指令（ ）设定的工件坐标系，不具有记忆功能，当机床关机后，设定的坐标系即消失。

A. G54 B. G55 C. G58 D. G92

4. 下列关于 G54 与 G92 指令的叙述中，不正确的是（ ）。

A. G92 通过程序来设定工件坐标系

B. G54 通过 MDI 设定工件坐标系

C. G92 设定的工件坐标系与刀具当前位置无关

D. G54 设定的工件坐标系与刀具当前位置无关

5. 执行指令“G54; G53; G00 X0.0 Y0.0 Z0.0;”后，刀具所到达的位置为（ ）。

A. 刀具当前点 B. 机床原点 C. 编程原点 D. 加工中心换刀点

6. 下列指令中，无须用户指定速度的指令是（ ）。

A. G00 B. G01 C. G02 D. G03

7. 下列轨迹中，（ ）轨迹肯定不是 G00 行程轨迹。

A. 直线 B. 圆弧 C. 斜线 D. 折线

8. “G02 R－50.0;”表示（ ）。

A. 圆心角＜180°　　B. 180°＜圆心角＜360°

C. 圆心角≤180°　　D. 不正确的格式

9. 以下圆弧指令中正确的是（　　）。

A. G18 G02 X50.0 Z150.0 R100.0;

B. G17 G02 X50.0 Y150.0 R－100.0;

C. G17 G03 X50.0 Z150.0 R100.0;

D. G18 G03 X50.0 Y150.0 R－100.0;

10. 以下功能指令中，与 M00 指令功能相类似的是（　　）。

A. M01　　B. M02　　C. M03　　D. M04

11. 在数控加工中，如果圆弧指令后的半径遗漏，则机床按（　　）执行。

A. 直线指令　　B. 圆弧指令

C. 停止　　D. 报警

12. 圆弧编程中的 I、J、K 值是指（　　）的矢量值。

A. 起点到圆心　　B. 终点到圆心

C. 圆心到起点　　D. 圆心到终点

三、判断题

1. G54 中设定的偏置值是指机床参考点与机床原点间的偏移值。（　　）

2. 机床参考点一定和机床原点重合。（　　）

3. 不能在刀具补偿方式下使用返回参考点校验指令 G27。（　　）

4. 自动返回参考点指令 G28 之所以设定中间点，其主要目的是防止刀具在返回参考点过程中与工件或夹具发生干涉。（　　）

5. G29 指令一定要编制在 G28 指令后才能正常使用。（　　）

6. 通过零点偏置设定的工件坐标系，当机床关机后再开机时，其坐标系将消失。（　　）

7. 采用 G92 设定的工件坐标系时，当机床关机后，设定的坐标系即消失。（　　）

8. 执行 G00 程序段的整个行程中，刀具的进给速度是始终不变的。（　　）

9. G01 指令的刀具轨迹肯定是一条连接起点和终点的直线。（　　）

10. 虽然有很多 G01 指令后没有写 F 指令，但在 G01 程序段中必须含有 F 指令。（　　）

11. 指令“G02 X_　Y_　R_　;”不能用于编写整圆的插补程序。（　　）

12. 圆弧编程中的 I、J、K 值和 R 值均有正负之分。（　　）

13. 在 SIEMENS 系统圆弧插补中，半径用符号“CR＝”表示。（　　）

14. 准备功能指令 G54 是模态指令，G52 是非模态指令。（　　）

15. 程序的开始和程序的结束可编成相对固定格式，以减少重复编程的工作量。（　　）

四、编程题

分别用 I、J 值和 R 值的圆弧编程方式编写图 1—1 中 *A* 到 *B* 的四段程序段。

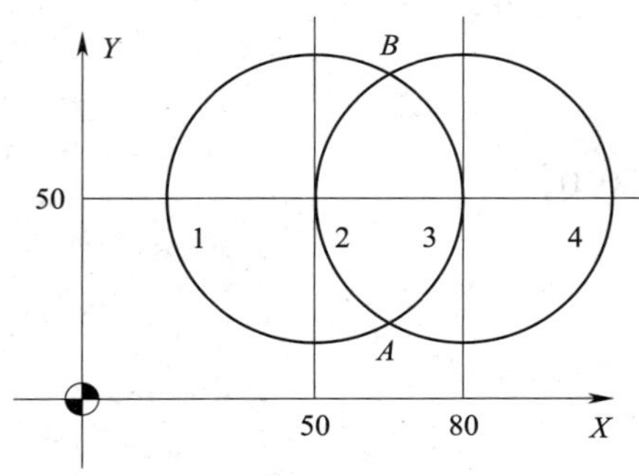

图 1—1

圆弧段	编程方式	程　　序
$\overset{\frown}{AB_1}$	R 值	
	I、J 值	
$\overset{\frown}{AB_2}$	R 值	
	I、J 值	
$\overset{\frown}{AB_3}$	R 值	
	I、J 值	
$\overset{\frown}{AB_4}$	R 值	
	I、J 值	

第六节　基础编程综合实例

一、综合题

1. 找出下列数控铣床加工程序中的错误之处或不规范之处，说明原因，并加以修改。
O12345；

N10 G90 G94 G95 G17 G21 G40；

N20 G91 G28 Z0；

N10 G00 X20. 0 Z20. 0；

N30 G00 Z30. 0；

N40 M30 S600；

N50 G01 Z－5. 0；

```
N60 X40;
N70 G03 X60.0 Y40.0 R20.0;
N80 G02 X60.0 Y80.0;
…
M05;
M99;
```

2. 找出下列数控铣床加工程序中的错误之处或不规范之处，说明原因，并加以修改。

```
O0010;
N10 G90 G95 G17 G21 G40 G54;
N20 G91 G28 Z0;
N30 M05 S600;
N40 M06 T03;
N50 G00 X30.0 Y30.0;
N60 G01 Z30.0;
N70 G00 Z-5.0;
N80 G01 X20.0 Y20.0 F60;
N90 G01 Y40.0 F1.0;
N100 X40.0;
N110 Y20.0;
N120 X20.0;
```

N130 Z30.0；

N140 G90 G28 Z0；

N150 M05；

N160 M09；

3. 根据下列程序，在 G17 平面内画出程序轮廓轨迹，并填写下列表格，快进速度为 1.5 m/min。

O0030；
N10 G90 G94 G17 G21 G40 G54；
N20 G91 G28 Z0；
N30 G00 X－30.0 Y－30.0；
N40 Z30.0；
N50 M03 S600；
N60 G01 Z－5.0 F100；
N70 X0 Y0 F200；
N80 Y45.0；
N90 X21.0；
N100 G03 X34.0 Y32.0 I13.0 J0；
N110 G02 X50.0 Y0 I0 J－20.0；
N120 G01 X20.0；
N130 X0 Y15.0；
N140 G00 X－30.0 Y－30.0；
N150 G00 Z30.0；
N160 M05；
N170 M30；

执行的程序段号	起点坐标（*X*，*Y*）	终点坐标（*X*，*Y*）	圆弧半径（mm）	进给速度（mm/min）	主轴转速（r/min）
N40					
N90					
N100					
N110					
N150					

二、编程题

1. 编写如图 1—2 所示心形图案轮廓的数控铣床加工程序，刀具下刀深度为 5 mm。

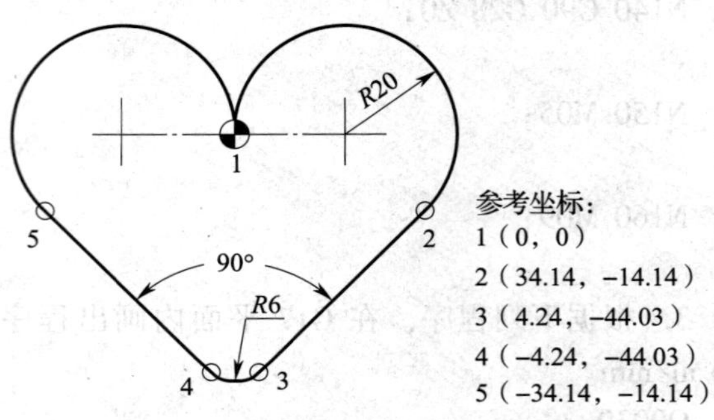

图 1—2

2. 编写如图 1—3 所示轮廓的数控铣床加工程序，刀具下刀深度为 5 mm。

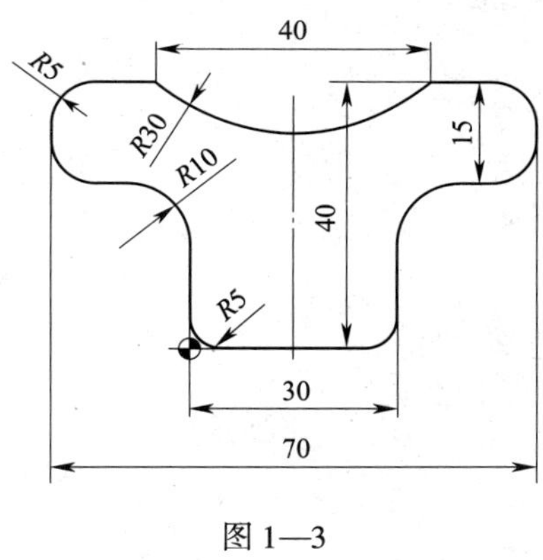

图 1—3

3. 编写如图 1—4 所示轮廓的数控铣床加工程序。

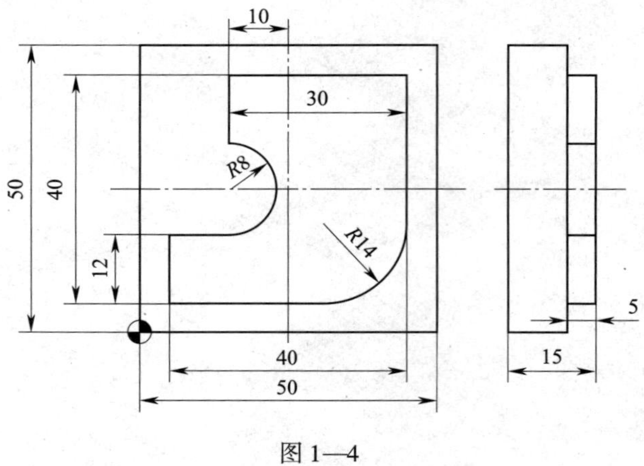

图 1—4

4．编写如图 1—5 所示轮廓的数控铣床加工程序。

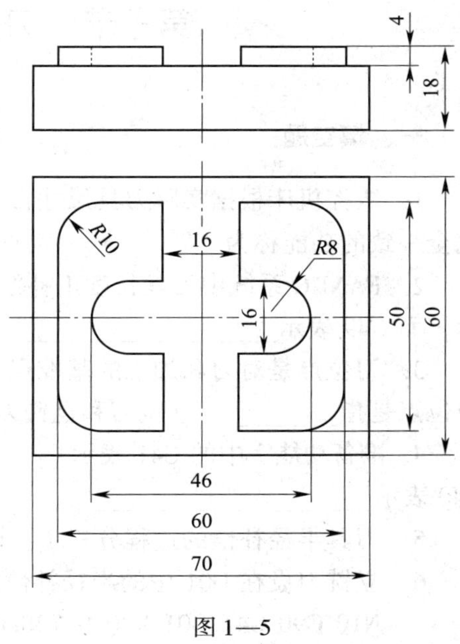

图 1—5

第七节　刀具补偿功能的编程方法

一、填空题

1. 数控机床根据实际刀具尺寸自动调整坐标轴的移动量，使实际加工轮廓和编程轨迹完全一致的功能称为____________功能，分为____________和____________两种。

2. FANUC 系统中刀具长度正补偿用指令______表示，刀具长度负补偿用指令______表示，而 G49 表示____________________。

3. 刀位点是对刀和加工的基准点。车刀和镗刀的刀位点是指刀具的________，钻头的刀位点是指________，立铣刀和盘铣刀的刀位点是指刀具______________。

4. 准备功能字中的 G41 表示____________________，G42 表示____________________，G40 表示____________________。

5. 刀具半径补偿的过程分三步，即____________、____________和____________。

6. 立铣刀设在 D01 中的半径补偿值为 8，执行指令：

N10 G90 G41 G01 X20.0 Y20.0 D01 F100;

N20 Y40.0;

N30 X40.0;

N40 G40 X0 Y0;

刀具刀位点的绝对坐标依次为（____________）、（____________）、（____________）和（____________）。

二、选择题

1. 在以（　　）设定的坐标系中，必须将对刀点作为刀具相对于工件运动的起点。

A. G52　　B. G53　　C. G54　　D. G92

2. 球头铣刀的刀位点位于（　　）。

A. 球头顶部中心　　B. 球心

C. 侧刃与球面交点处　　D. 由用户自行设定

3. 在 FANUC 和 SIEMENS 系统中，不是用于取消刀具长度补偿的指令是（　　）。

A. D00　　B. G40　　C. G49　　D. H00

4. FANUC 系统中，2 号刀比 1 号刀短 50 mm，2 号刀具长度补偿存储器中的值为 50，则相对于 1 号刀，2 号刀使用的长度补偿指令是（　　）。

A. G43　　B. G44　　C. G49　　D. H00

5. FANUC 系统中，2 号刀具长度补偿存储器中的值 H02 = 30，则执行指令“G43 G91 G00 Z − 100.0 H02;”后刀具实际移动量为（　　）mm。

A. −130.0　　B. −100.0　　C. −70.0　　D. −30.0

6. 加工中心设置在零点偏置中的 *Z* 值为零，使用指令“G54 G43 G01 Z_ H_ ;”进行编程，则设在刀具长度补偿存储器中的值为（　　）。

A. 负值　　B. 正值　　C. 零　　D. 不确定

7. 指令“G41 G01 X16.0 Y16.0 D16;”中的 D16 表示（　　）。

A. 刀具的直径值是 16 mm　　B. 刀具的半径值是 16 mm

C. 刀具表的地址是 16　　D. 刀具在半径方向的偏移量是 16 mm

8. 用 ϕ16 mm 铣刀按零件实际轮廓编程加工内轮廓，用刀具半径补偿指令保留 0.2 mm 的精加工余量，则设置在该刀具半径补偿存储器中的值为（　　）。

A. 16.2　　B. 15.8　　C. 7.8　　D. 8.2

9. 在 SIEMENS 系统中，如编程中没有编写 D 指令，则执行指令“G41 G01 X_ Y_ F_ ;”时将导致（　　）。

A. 机床报警

B. 执行 G01 时不进行刀具半径补偿

C. D1 指令在该程序段自动生效

D. 机床停止执行指令

10. 采用刀具半径补偿模式加工圆柱轮廓，加工后外形尺寸比设计尺寸大 0.2 mm，则应设刀补值（　　）后用原程序再重新加工该轮廓。

A. −0.2　　B. −0.1　　C. +0.1　　D. +0.2

11. 在 FANUC 系统的刀具补偿模式下，一般不允许存在（　　）段以上的非补偿平面内的移动指令。

A. 1　　B. 2　　C. 3　　D. 4

三、判断题

1. 一般情况下，加工中心采用刀具半径补偿指令编程可以方便编程中的数值计算，从而实现简化编程的目的。（　　）

2. 刀具长度补偿存储器中的偏置值既可以是正值，也可以是负值。（　　）

3. 当使用刀具补偿指令时，刀具号必须与刀具偏置号相同。（　　）

4. 在 SIEMENS 系统中，指令“T1 D1;”和指令“T2 D1;”使用的刀具补偿值是同一刀补存储器中的补偿值。（　　）

5. 在 FANUC 系统中，指令“T1 D1;”和指令“T2 D1;”使用的刀具补偿值是同一刀补存储器中的补偿值。（　　）

6. 采用刀具半径补偿指令进行编程，加工出的轮廓是刀具刀位点所经过的轨迹。（　　）

7. 刀具半径补偿存储器中的偏置值通常采用刀具直径值。（　　）

8. 粗加工时，通常将刀具半径补偿值设为“刀具半径 − 精加工余量”，以保留适当的精加工余量。（　　）

9. 加工中心编程中的刀具半径补偿除用 G40 取消外，还可用 D00 取消。（　　）

10. G40 必须与 G41 或 G42 成对使用。（　　）

11. SIEMENS 系统中，指令“T1 D1;”中的 D1 既是刀具长度补偿存储器号，又是刀具半径补偿存储器号。（　　）

12. 用刀具半径补偿模式，可加工与刀具半径相等的圆弧内角。（　　）

13. 刀补建立的过程必须含有 G00 或 G01 指令才有效。（　　）

四、编程题

1. 编写如图 1—6 所示工件的数控铣床加工程序（采用刀具补偿功能），并作简要的程序说明，已知毛坯尺寸为 70 mm×50 mm×20 mm。

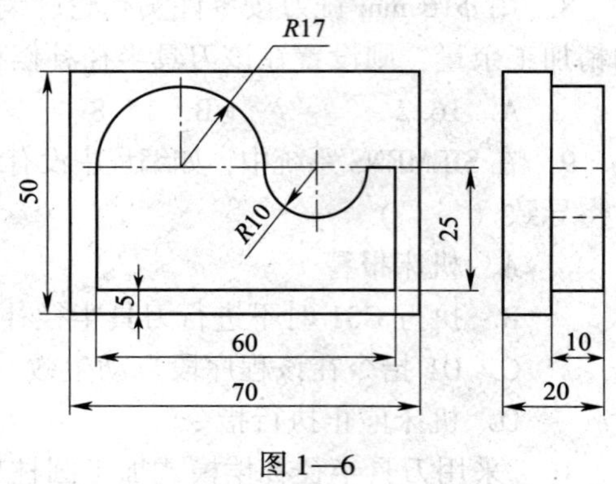

图 1—6

2. 试用半径补偿指令编写图 1—7 所示轮廓的加工程序，已知毛坯尺寸为 75 mm × 80 mm × 20 mm。

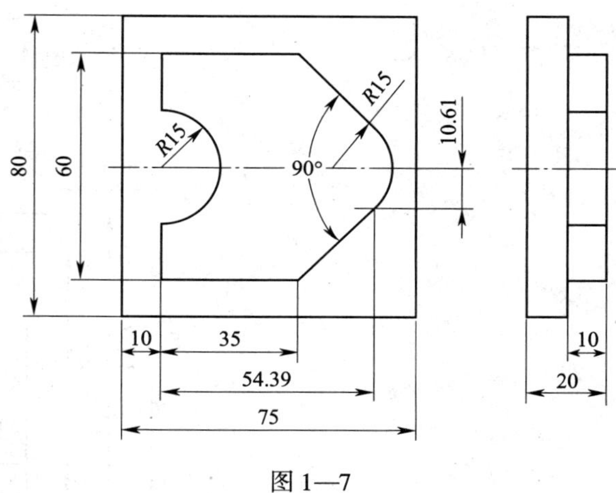

图 1—7

3．加工如图 1—8 所示工件，已知毛坯尺寸为 100 mm × 80 mm × 10 mm，试编写其数控铣床加工程序。

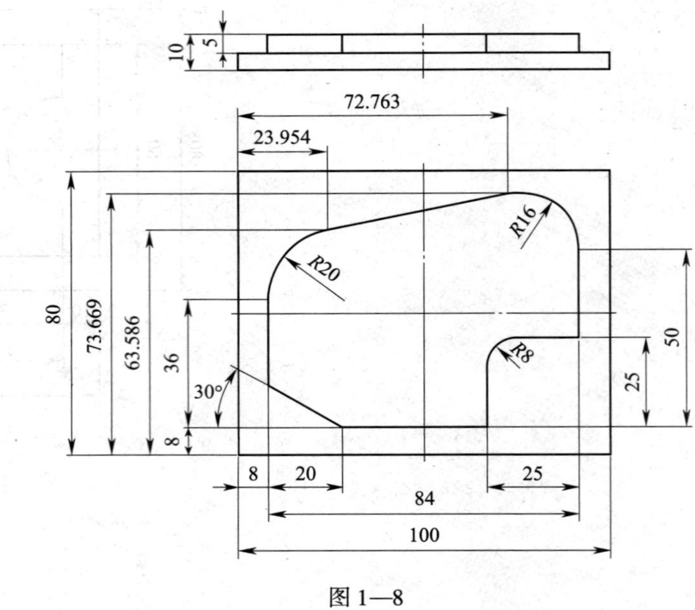

图 1—8

4. 加工如图 1—9 所示工件，已知工件毛坯尺寸为 100 mm×80 mm×15 mm，试编写其数控铣床加工程序。

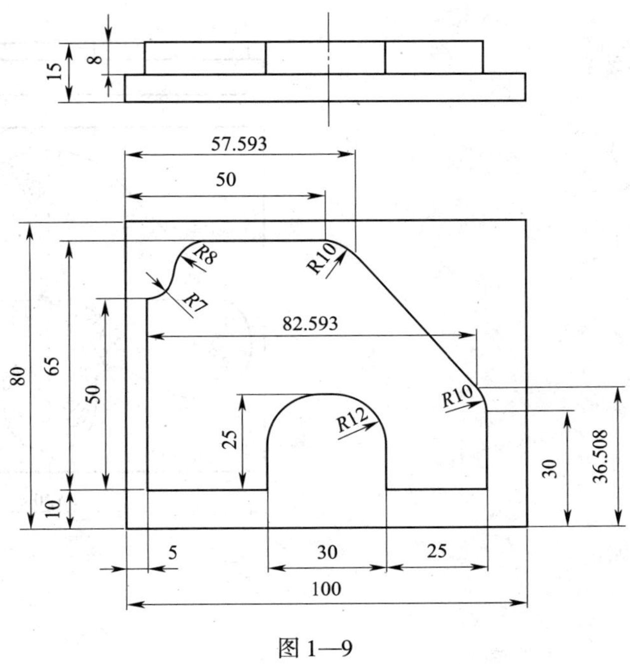

图 1—9

5. 加工如图 1—10 所示工件，已知工件毛坯尺寸为 120 mm × 100 mm × 15 mm，试编写其数控铣床加工程序。

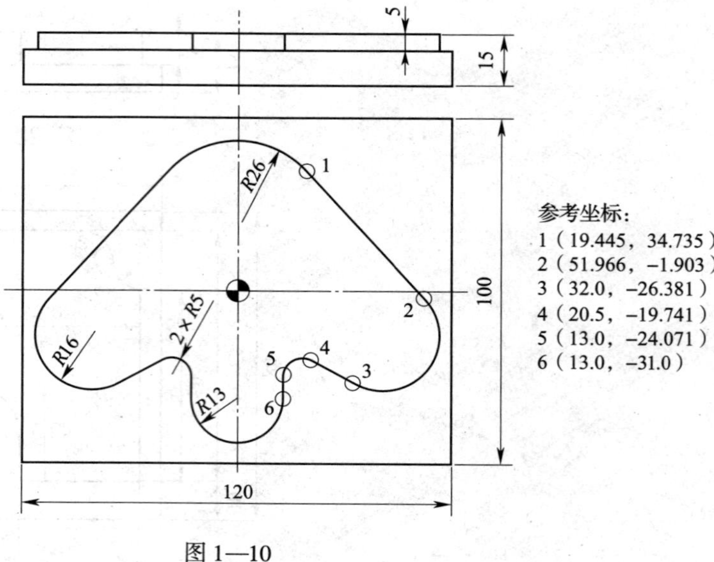

图 1—10

6. 加工如图 1—11 所示工件，已知工件毛坯尺寸为 72 mm×60 mm×12 mm，试编写其数控铣床加工程序。

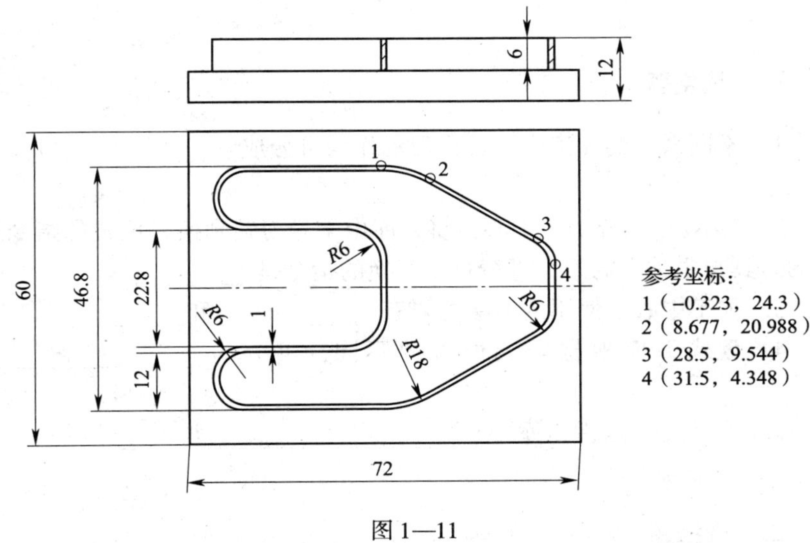

图 1—11

第八节　加工中心的刀具交换功能

一、填空题

1. 不同系统的加工中心其换刀动作均可分成____________和____________两个基本动作。

2. FANUC 系统加工中心，将刀库中 1 号刀转到换刀位置的指令是________，将换刀位置的刀具与主轴上的刀具进行自动交换的指令是________。

3. 加工中心上使用的刀库主要有____________和____________。

4. 盘式刀库根据安装位置的不同，可分为________________________________和____________________。

5. 刀具交换是指刀库中____________________与________________进行自动换刀的过程。

二、选择题

1. FANUC 系统加工中心机械手换刀，执行指令“M06 T05;”，则对刀库的动作描述正确的是（　　）。

A. 主轴刀具换入刀库 05 号位置

B. 刀库中的 05 号刀装入主轴

C. 刀库中的 05 号刀转到换刀位置

D. 刀库中的 05 号刀转到换刀位置并与主轴上的刀具交换

2. 盘式刀库装刀容量相对较小，一般为（　　）把刀具。

A. 1～24　　B. 1～20　　C. 1～10　　D. 1～16

3. 在进行换刀前，必须实现主轴准停，FANUC 系统主轴准停通常通过指令（　　）来实现。

A. M61　　B. M19　　C. M06　　D. M17

4. 在 FANUC 系统中，为防止自动换刀过程中出错，系统常自带换刀子程序，子程序号通常为（　　）。

A. O9999　　B. O8999

C. O8888　　D. O6666

5. SIEMENS 系统换刀子程序号通常为（　　）。

A. L2　　B. L4　　C. L6　　D. L8

三、判断题

1. 采用机械手换刀，主轴必须准停。（　　）

2. 小型加工中心的刀库一般使用链式刀库。（　　）

3. 采用机械手的换刀速度比不采用机械手的换刀速度快。（　　）

4. 某机械手换刀的加工中心，刀库中有 24 个刀位，则机床中可相互交换的刀具共有 25 把。 ( )

5. 在加工中心上，指令“T0101;”表示换 01 号刀，选 01 号刀补。 ( )

6. 加工中心和数控车床一样，换刀点的位置是任意的。 ( )

7. 为了保证零件的加工精度要求，对刀点应尽可能选在零件的编程原点处。 ( )

第二章　FANUC系统的编程与操作

第一节　FANUC 系统功能简介

一、填空题

1．FANUC 0i 系列数控系统中，T 型及 TT 型 CNC 系统用于____________，M 型 CNC 系统用于____________或____________，G 型 CNC 系统用于____________________，F 型是____________数控系统。

2．准备功能代码又称为____功能代码，辅助功能代码又称为____功能代码，常用的其他功能代码有____________指令、____________指令、____________指令等。

3．本地区当前常用的 FANUC 数控系统有__________________、__________________和__________________。

4．FS16 系列是在______之后开发的产品，其性能介于______和______之间，在显示方面，FS16 系列采用了________________等新技术。

5．FS21/FS210 系列的数控系统适用于____________________。

二、选择题

1．下列由 FANUC 公司开发的产品中，被称为人工智能的 32 位 CNC 系统是（　　）。

A．FS6　　B．FS0　　C．FS10　　D．FS15

2．G60 的功能是（　　）。

A．单方向定位方式　　B．利用减速的程序段过渡

C．不用编码器攻螺纹　　D．不用减速的程序段过渡

3．G10 的功能是（　　）。

A．准确停止　　B．可编程数据输入　　C．直线插补　　D．圆弧插补

4．在 G94、G95、G96、G97 四个代码中，开机默认的代码是（　　）。

A．G94、G96　　B．G95、G96　　C．G94、G97　　D．G95、G97

5．G33 指令中的 F 是指（　　）。

A．导程　　B．进给速度　　C．转速　　D．以上皆是

三、判断题

1．FS15 系列数控系统适用于大型机床、复合机床的多轴控制和多系统控制。（　　）

2．00 组 G 代码均为非模态 G 代码。（　　）

3．不同组的 G 代码在同一程序段中可以指令多个，而如果在同一程序段中指令了多个

同组的 G 代码，在程序执行过程中会报警。 (　　)

4. 当电源接通或复位时，CNC 不进入清零状态。 (　　)

5. FANUC 0i 系统主要用于数控铣床和加工中心。 (　　)

第二节　轮 廓 铣 削

一、填空题

1. 采用立铣刀侧刃铣削轮廓类零件时，为避免________________，保证________________，减少________________，铣刀的切入点和切出点应选在________________。

2. 在轮廓铣削中，无法采用在延长线上切入与切出的方式时，可采用________切入与切出。

3. 内轮廓加工 Z 向进刀方式主要有________________、钻工艺孔进刀、________________和________________。

4. 凹槽切削方法分为________________、________________和________________。

5. FANUC 0i 系统指令“M98 P30 L30;”中的 P30 表示________________，L30 表示________________。

6. 子程序主要可应用于________________、________________和________________。

7. ϕ12 mm 的高速钢立铣刀加工内、外轮廓，切削速度一般取________，进给速度取________。

8. 当零件在 Z 方向上的总背吃刀量比较大时，需采用________________进行加工。

9. 为了优化加工顺序，通常将每一个独立的工序编写成一个________，主程序中只有________________的命令，从而实现优化程序的目的。

二、选择题

1. Z 向不能垂直进刀的刀具是（　　）。

A. 键槽铣刀　　B. 切削刃不过中心的立铣刀

C. 钻铣刀　　D. 切削刃过中心的立铣刀

2. “G02/G03 X_　Y_　Z_　R_　;”指令中的 R_ 指（　　）。

A. 螺旋线的半径　　B. 圆弧半径　　C. 角度　　D. R 点平面

3. 键槽铣刀垂直进刀时，选用的切削速度一般为 XY 平面内切削速度的(　　)。

A. 1　　B. 1/2　　C. 1/3　　D. 1/4

4. 下列凹槽的切削方法中，(　　) 加工方案最差。

A. 平切法　　B. 环切法

C. 先行切后环切法　　D. 行切法

5. 在 FANUC 0i 系统中，子程序可以嵌套（　　）级。

A. 3　　　　　　B. 4　　　　　　C. 5　　　　　　D. 6

6. 对子程序描述错误的是（　　）。

A. 子程序可实现同平面内多个相同轮廓形状工件的加工

B. 子程序可代替主程序

C. 子程序可实现程序的优化

D. 子程序可实现零件的分层切削

7. 如果主程序用指令“M98 P×× L5;”调用子程序，而子程序采用“M99 L2;”返回，则子程序重复执行的次数为（　　）次。

A. 1　　　　　　B. 2　　　　　　C. 5　　　　　　D. 3

8. FANUC 0M 系统中指令“M98 P50012;”表示（　　）。

A. 调用子程序 O5001 两次　　　　B. 调用子程序 O12 五次

C. 调用子程序 O50012 一次　　　　D. 子程序调用格式错误

三、判断题

1. 在进行轮廓铣削时，一般沿法线方向切入和切出。（　　）

2. 内轮廓加工过程中的主要问题是如何进行轮廓的切入和切出。（　　）

3. 自动编程的内轮廓铣削中广泛使用螺旋线进刀方式。（　　）

4. *Z* 向垂直进刀时，进给速度要选择得较小。（　　）

5. 三轴联动斜线进刀方式的优点是轮廓平滑过渡、无加工痕迹。（　　）

6. 机床的加工程序必须包含主程序和子程序。（　　）

7. 子程序一般都可以作为独立的加工程序使用。（　　）

8. FANUC 系统主程序和子程序的程序名格式完全相同。（　　）

9. FANUC 系统指令“M98 P×××× L××××;”中若省略“L”，则该指令表示调用子程序一次。（　　）

10. 子程序结束指令 M99 必须单独书写一行，否则会产生机床误操作。（　　）

11. 针对不同的零件或不同的加工要求，都有唯一的主程序。（　　）

12. 在所有系统中，刀具半径补偿模式在主程序及子程序中可以被分支执行，但在编程过程中应尽量避免编写这种形式的程序。（　　）

13. 在一次装夹中若要完成多个相同轮廓形状工件的加工，编程时可只编写一个轮廓形状加工程序，然后调用该加工程序。（　　）

14. 子程序中不能进行 G90 与 G91 模式的变换。（　　）

15. 分层切削时，常会出现分层切削的接刀痕迹。（　　）

四、编程题

1．试用子程序调用指令编写图 2—1 所示轮廓的加工程序（分四次切深，每次背吃刀量 2 mm），毛坯尺寸为 80 mm×60 mm×20 mm。

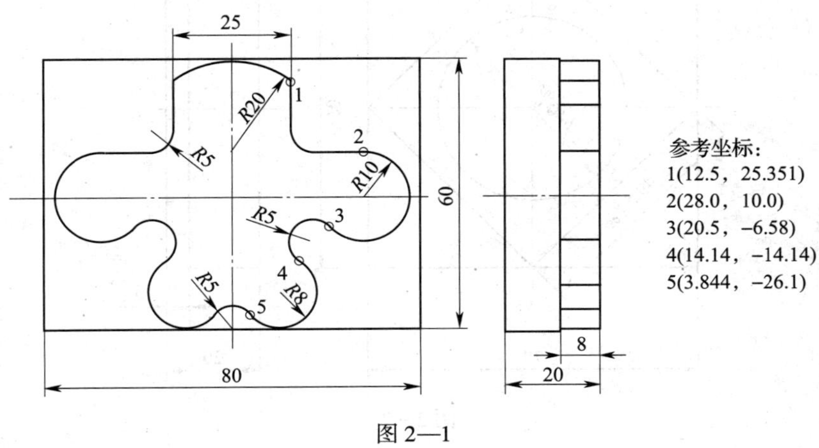

图 2—1

2. 试用子程序调用指令编写图 2—2 所示轮廓的加工程序，毛坯尺寸为 70 mm × 70 mm × 20 mm。

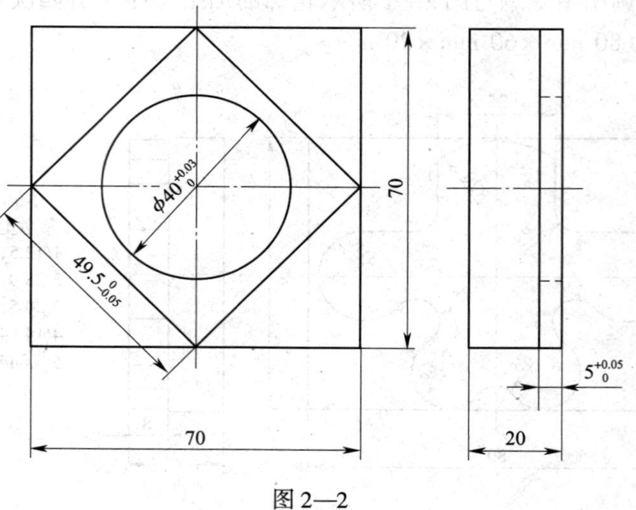

图 2—2

3．试编写图 2—3 所示轮廓的加工程序，毛坯尺寸为 70 mm × 70 mm × 15 mm，材料为 45 钢。

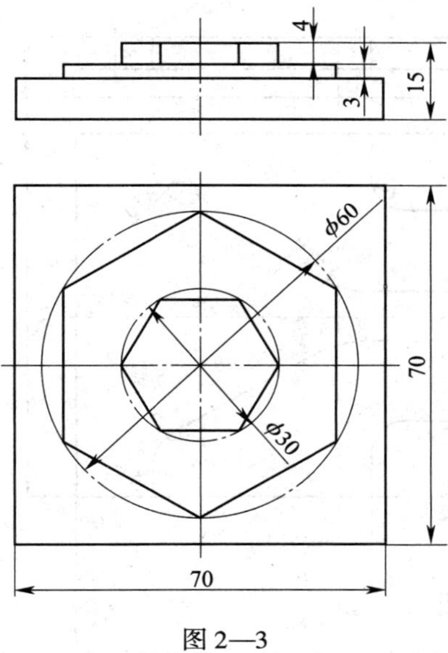

图 2—3

4．试编写图 2—4 所示轮廓的加工程序，毛坯尺寸为 128 mm × 90 mm × 15 mm，材料为 45 钢。

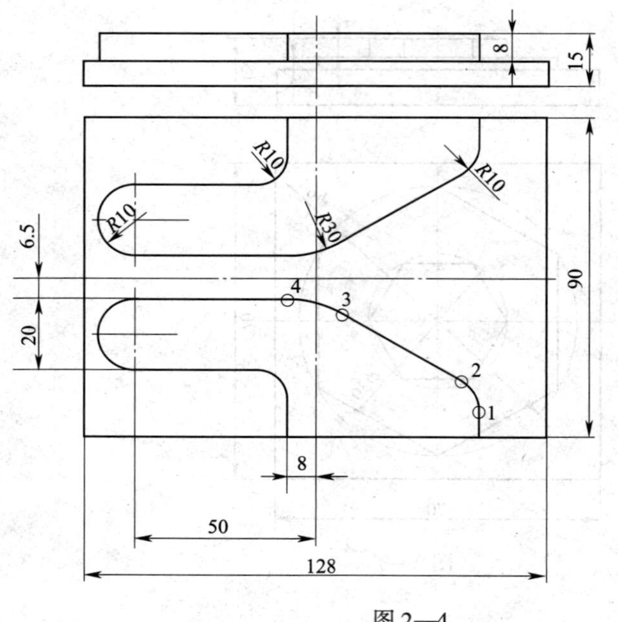

图 2—4

5．试用子程序调用指令编写图 2—5 所示轮廓的加工程序，毛坯尺寸为 60 mm × 60 mm × 10 mm。

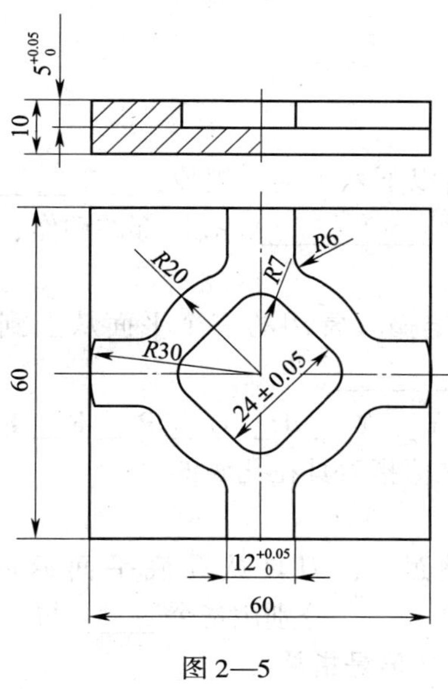

图 2—5

第三节　FANUC 0i 系统孔加工固定循环功能

一、填空题

1. 孔加工固定循环通常由以下六个动作组成：____________________、*Z* 向快速进给到 *R* 点、________________________________、孔底部的动作、____________、*Z* 向快速回到起始位置。

2. FANUC 系统孔加工固定循环常用的三个平面从上到下依次为________________、________________和________________。

3. 指令“G73～G89 X __ Y __ Z __ R __ Q __ P __ F __ K __;”中的 Q 值指当间歇进给时，刀具每次____________，P 值指刀具在孔底的____________，F 值指刀具切削进给时的____________。

4. 当刀具加工到孔底平面后，刀具从孔底平面返回的方式有两种，即返回到____________和返回到____________，分别用指令______与______来表示。

5. 固定循环 G91 方式中，R 值是指从__________到__________的矢量值，而 Z 值是指从__________到__________的矢量值。

6. 深孔循环 G73 指令的指令格式为“____”。

7. 钻孔循环 G81 指令的指令格式为“____”。

8. 粗镗孔循环 G86 指令的指令格式为“____”。

9. 精镗孔循环 G76 指令的指令格式为“____”。

10. 攻螺纹循环 G84 指令的指令格式为“_____________________________________”。

11. G83 指令通过 *Z* 轴方向的啄式进给来实现________与________的目的。

12. 当采用 G94 模式指定攻螺纹的进给量 F 时，进给量 F = ______________。当采用 G95 模式时，进给量 F = ________。

二、选择题

1. 孔加工固定循环格式中，除（　　）代码外，其他所有代码都是模态代码。

A. X、Y、Z　　B. R　　C. Q　　D. K

2. FANUC 系统孔加工固定循环刀具进刀时，自快进转为工进的高度平面通常称为（　　）。

A. 初始平面　　B. 参考平面　　C. 孔底平面　　D. 任意平面

3. *R* 点平面距工件表面的距离主要考虑到工件表面的尺寸变化，一般情况下取（　　）mm。

A. 0～1　　B. 2～5　　C. 6～8　　D. 9～10

4. 固定循环中，刀具从初始平面到 *R* 点平面的移动方式是（　　）。

A. G00 方式　　B. G01 方式

C. 根据不同的固定循环确定　　D. 由编程决定

5. 固定循环指令中 P 值的单位是（　　）。

A. s　　B. ms　　C. m　　D. mm

6. 固定循环 G87 指令在 G91 方式下的 Z 值为（　　）值，其他固定循环指令在 G91 方式下的 Z 值为（　　）值。

A. 正　负　　B. 负　正　　C. 正　正　　D. 负　负

7. FANUC 系统加工中心编程，（　　）指令不是固定循环指令。

A. G71　　B. G73　　C. G76　　D. G83

8. 执行固定循环（　　）指令时，主轴刀具的孔底动作为暂停后变为正转。

A. G74　　B. G76　　C. G84　　D. G86

9. 执行指令“G91 G81 X30.0 Z－40.0 R－20.0 F100 K4；G01 X30.0；”后，总共加工出（　　）个孔。

A. 1　　B. 4　　C. 5　　D. 8

10. 采用 G83 指令进行深孔加工，假设共要进行五次间歇进给，则第二次间歇进给的工进距离等于（　　）值。

A. Q　　B. d　　C. Q＋d　　D. P

11. 常用于深孔加工，且每次间歇进给后刀具回退至 *R* 点平面进行排屑的指令是（　　）。

A. G73　　B. G76　　C. G83　　D. G86

12. 下列孔加工指令中，能执行孔底暂停的指令是（　　）。

A. G73　　B. G81　　C. G82　　D. G85

13. 执行固定循环（　　）指令时，主轴刀具到达孔底后退刀时不会经过 *R* 点平面。

A. G87　　B. G88　　C. G89　　D. G80

14. 工件的编程原点为工件上表面，则执行指令“G00 X30.0；Z15.0；G91 G81 X30.0 Z－30 R－10.0 F60 K3；”后，所加工孔的孔底位于绝对坐标 Z（　　）处。

A. －15.0　　B. －25.0　　C. －30.0　　D. －90.0

15. 对于回转表面的加工余量，背吃刀量等于加工余量的（　　）。

A. 2 倍　　B. 1 倍　　C. 1/2　　D. 没有关系

16. 执行指令“G00 X30.0；Z15.0；G91 G81 X30.0 Z－30 R－10.0 F60 K3；”后，加工出的最后一个孔位于绝对坐标 X（　　）处。

A. 30.0　　B. 60.0　　C. 90.0　　D. 120.0

17. 下列指令中，刀具以切削进给方式加工到孔底，然后以切削进给方式返回到 *R* 点平面的指令是（　　）。

A. G85　　B. G86　　C. G87　　D. G88

18. 下列指令中，刀具以切削进给方式加工到孔底，然后主轴停转，刀具快速退到 *R* 点平面后主轴正转的指令是（　　）。

A. G85　　B. G86　　C. G87　　D. G88

19. 固定循环 G87 指令中的 Q 值是指（　　）。

A. 刀具间歇进给时的每次加工深度　　B. 主轴准停后刀具反方向的偏移量

C. 刀具在孔底的暂停时间　　D. 总镗孔长度

20. 下列固定循环指令中，不能用 G99 方式进行编程的指令是（　　）。

A. G85　　B. G86　　C. G87　　D. G88

21. 下列指令中，在切削过程中主轴反转，在返回过程中主轴正转的固定循环指令是（　　）。

A. G74　　B. G84　　C. G76　　D. G86

22. 执行 G76 指令时，刀具从孔底平面以主轴（　　）方式退回 *R* 点平面。

A. 正转快速进给　　B. 正转切削进给

C. 停转快速进给　　D. 反转切削进给

23. M10 粗牙螺纹进行攻螺纹加工时，其底孔直径为（　　）mm。

A. 9.8　　B. 9　　C. 8.5　　D. 8

24. 攻螺纹时的刀具引入量一般取（　　）mm。

A. 0　　B. 1～3　　C. 5～10　　D. 20～30

三、判断题

1. 初始平面的设定高度一般应高于夹具、工件凸台等的高度。（　　）

2. 执行孔加工固定循环程序，刀具在初始平面内的移动是以 G00 方式来实现的。（　　）

3. 孔加工固定循环除采用代码 G80 取消外，没有其他方法。（　　）

4. 钻削通孔时，孔底平面取孔底的 *Z* 轴高度。（　　）

5. 在没有凸台等干涉的情况下，加工同一平面的孔系时，为了节省孔系的加工时间，刀具采用 G99 方式返回较为合适。（　　）

6. 固定循环 G90 指令中 R 值是指 *R* 点相对于工件坐标系的 *Z* 轴坐标值。（　　）

7. 孔加工固定循环无须采用刀具半径补偿进行编程。（　　）

8. G81 孔加工进给采用间隙式切削进给。（　　）

9. G73 指令的 Q 值没有正负之分，且始终为正值。（　　）

10. G83 指令每次间歇进给后的退刀量 d 值由固定循环指令确定。（　　）

11. 指令 G73 与指令 G83 的格式完全相同，因此，两指令的执行动作也完全相同。（　　）

12. 指令 G81 与指令 G82 相比，G82 更适合于锪孔或加工台阶孔。（　　）

13. 执行指令 G81 与指令 G82，刀具到达孔底后的退刀方式均为 G00。（　　）

14. 指令 G85 与 G88 的动作基本类似，不同之处是使用 G85 指令可在孔底暂停。（　　）

15. 固定循环中的孔底暂停是指刀具到达孔底后主轴暂时停止转动。（　　）

16. 在孔加工固定循环开始前，要将刀具移动到孔中心的正上方，否则将在刀具当前位置进行孔加工动作。（　　）

17. 采用循环指令 G88 进行镗孔，不仅能提高孔的加工精度，还能提高镗孔的加工效率。（　　）

18. 固定循环 G87 指令在 G91 方式下的 R 值为正值，其他固定循环指令在 G91 方式下的 R 值为负值。（　　）

19．在固定循环 G74 指令前，应先指定主轴反转，该指令才有效。（　　）

20．执行 G87 指令时，刀具将分别在初始平面和孔底平面实现主轴准停。（　　）

21．执行完 G76 指令返回初始平面后，主轴中心与孔中心发生了偏移，偏移量等于 Q 值。（　　）

22．在 G74 与 G84 攻螺纹过程中，进给倍率、进给保持均被忽略。（　　）

四、综合题

如图 2—6 所示工件的孔加工程序中，中心钻定位程序没有列出，试更正程序中的不规范之处或不正确之处。

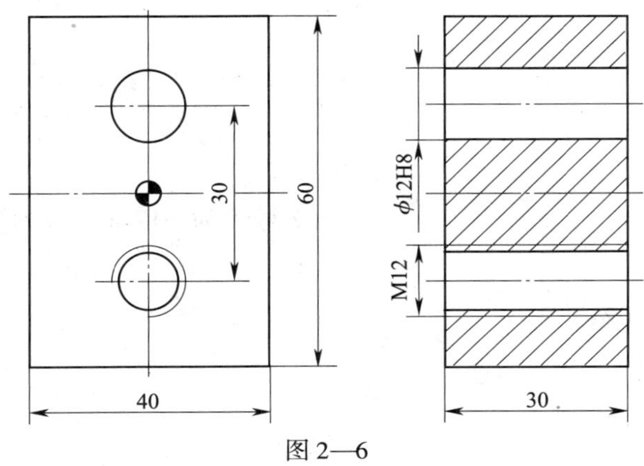

图 2—6

程序如下：

O0010；

N010 G90 G94 G81 G21 G54；

N020 G91 G28 Z0；

N025 T01 M06；　　　　（1 号刀为 ϕ10. 3 mm 钻头）

N030 G90 G00 X0 Y0 Z0；

N040 G43 Z30. 0；

N050 M03 S600；

```
N060 G00 X0 Y -15. 0;

N070 G98 G81 X0. 0 Y -15. 0 Z -35. 0 R3. 0 Q5. 0 F60;

N080 G01 Y15. 0;

N090 G80 G49;

N110 G91 G28 Z0;

N130 M05;

N140 T02 M06;                              (2 号刀为 φ12 mm 铰刀)

N060 G43 Z30. 0 H02;

N065 M03 S600;

N070 G98 G81 X0 Y -15. 0 Z -30. 0 R3. 0 F60;

N080 Y15. 0;

…

M05;

M30;
```

五、编程题

1. 试用固定循环指令编写如图 2—7 所示孔的钻孔、铰孔程序。

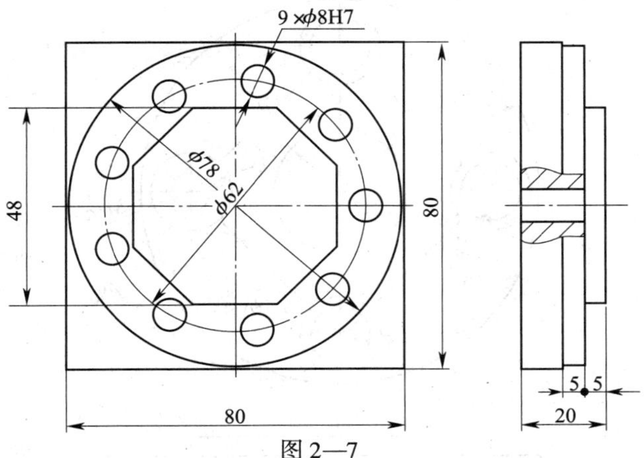

图 2—7

2. 试用固定循环指令编写如图 2—8 所示孔的钻孔、扩孔、铰孔、镗孔、攻螺纹等程序。

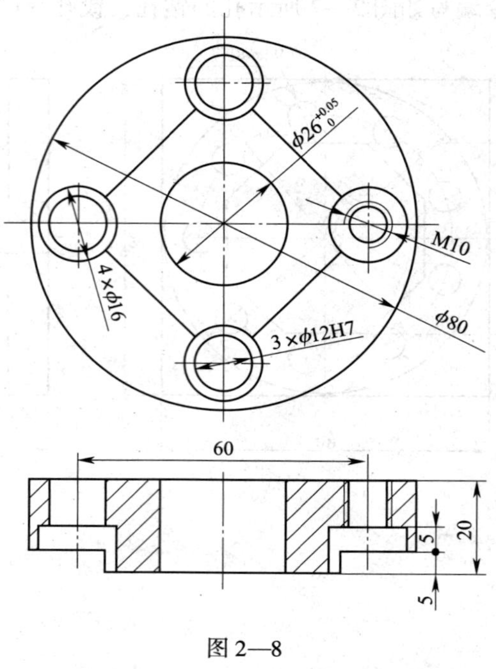

图 2—8

第四节　FANUC 0i 系统数控铣床/加工中心的操作

一、填空题

1. FANUC 0i 系统操作面板模式选择按钮中，“EDIT”指＿＿＿＿＿＿＿＿操作，“MDI”指＿＿＿＿＿＿＿＿操作，“HANDLE”指＿＿＿＿＿＿＿＿操作，“REF”指＿＿＿＿＿＿操作。

2. 自动运行方式下，按钮“SINGLE BLOCK”指＿＿＿＿＿＿＿＿，按钮“OPT STOP”指＿＿＿＿＿＿，按钮“MC LOCK”指＿＿＿＿＿＿。

3. 机床控制面板上，主轴顺时针转动用字母“＿＿＿”表示，主轴逆时针转动用字母“＿＿＿”表示。

4. FANUC 0i 系统在自动运行过程中进给速率的调节范围为＿＿～150%，主轴转速的调节范围为＿＿＿～＿＿＿。

5. 当按下按钮“POWER ON”，即向＿＿＿＿、＿＿＿＿等机械部分及＿＿＿＿＿＿供电。

6. 将刀具半径值输入到对应的＿＿＿＿＿里，刀具长度补偿值输入到对应的＿＿＿＿＿里。

二、选择题

1. 按下机床急停开关后，通常是通过（　　）来解锁的。

A. 再次按下　　B. 向外拔出　　C. 旋转开关　　D. 关机重启

2. 下列开关中，用于机床紧急停止的是（　　）。

A. EMG—STOP　　B. MACHINE—RESERT

C. DRY　　D. SBK

3. 在自动运行的机床锁住模式下，下列动作仍能运行的是（　　）。

A. 主轴转速　　B. 轴进给　　C. Jog 进给　　D. 快速移动

4. 快速进给倍率开关通常有四挡，其中（　　）是最小的快速进给倍率。

A. F0　　B. F25　　C. F50　　D. F100

5. 关于参数（如刀具参数、坐标系参数）输入，当数值书写完成后，通常按下（　　）键进行输入。

A. INPUT　　B. INSERT　　C. ALTER　　D. EOB

6. 在程序手工输入过程中出现的报警，通常情况下可通过按下软键（　　）来消除。

A. DELETE　　B. RESET　　C. CANCEL　　D. ALTER

7. 将手轮倍率开关置于“×100”，手轮旋转 360°，刀具移动距离为（　　）mm。

A. 0.001　　B. 0.1　　C. 10　　D. 100

8. 加工中心在手动返回参考点的过程中，先执行（　　）返回较为合适。

A. *X* 轴　　B. *Y* 轴　　C. *Z* 轴　　D. 任意轴

9. 在自动运行状态下，按下循环启动停止键，机床的（　　）功能将停止执行。

A. 主轴转速　　B. 刀具移动　　C. 冷却、润滑　　D. 以上均是

10. FANUC 系统在（　　）方式下编辑的程序不能被存储。

A. MDI　　B. EDIT　　C. DNC　　D. 以上均是

11. FANUC 0i 系统加工中心，通过 MDI 方式编制的程序一般情况下不能超过（　　）。

A. 4 行　　B. 10 行　　C. 20 行　　D. 内存容量

12. FANUC 0i 系统中，在程序编辑状态输入“0—9999”后按下“DELETE”键，则（　）。

A. 删除当前显示的程序　　B. 不能删除程序

C. 删除存储器中所有程序　　D. 出现报警信息

13. 在编辑模式下，光标处于 N10 程序段，键入地址 N200 后按下“DELETE”键，将删除（　　）程序段。

A. N10　　B. N200　　C. N10 ~ N200　　D. N200 之后

14. 机床操作面板上用于程序字更改的按键是（　　）。

A. ALTER　　B. INSERT　　C. DELETE　　D. EOB

15. 下列开关中，用于机床空运行的按钮是（　　）。

A. SINGLE BLOCK　　B. MC LOCK

C. OPT STOP　　D. DRY RUN

16. 机床没有返回参考点，如果按下快速进给，通常会出现（　　）的情况。

A. 不进给　　B. 快速进给

C. 手动连续进给　　D. 机床报警

17. FANUC 0i 系统加工中心，当按下“BLOCK DELETE”按钮时，机床执行程序过程中会出现（　　）的情况。

A. 程序暂停　　B. 程序段跳过

C. 机床空运行　　D. 机床锁住

18. 下列按钮或软键中，与按钮“SINGLE BLOCK”复选后有效的是（　　）。

A. AUTO　　B. EDIT　　C. Jog　　D. HANDLE

19. 在增量进给方式下向 X 轴正向移动 0.1 mm，增量步长选“×10”，则要按下“+X”方向移动按钮（　　）次。

A. 1　　B. 10　　C. 100　　D. 1 000

20. 刀具在轮廓拐角处超程的原因是刀具在轮廓拐角处的（　　）。

A. 切削速度过大　　B. 背吃刀量过大

C. 进给速度过大　　D. 转速过高

三、判断题

1. 按下机床急停操作开关后，除能进行手轮操作外，其余的所有操作都将停止。（　　）

2. 当屏幕上出现“EMG”时，主要原因是程序出错。（　　）

3. 在任何情况下，前面加“/”符号的程序段都将被跳过不执行。（　　）

4. 在自动加工的空运行状态下，刀具的移动速度与程序中指令的进给速度无关。 ( )

5. 在自动运行刀具移动过程中，进给速率大小不可调节，必须在刀具移动停止后才可通过进给速度倍率旋钮进行调节。 ( )

6. 数控机床在手动（Jog）模式下，不可以同时控制两个轴的手动进给来加工一些成形面或圆弧面。 ( )

7. 通常情况下，手摇脉冲发生器顺时针转动方向为刀具进给的正方向，逆时针转动方向为刀具进给的负方向。 ( )

8. FANUC 系统手动返回参考点时，返回点不能离参考点太近，否则会出现机床超程等报警。 ( )

9. 手摇进给的进给速率可通过进给速度倍率旋钮进行调节，调节范围为 0 ~ 150%。 ( )

10. 当机床出现超程报警时，按下复位按钮“RESET”即可使超程报警解除。 ( )

11. 加工中心 Z 向返回参考点后，如继续手动向该轴的负方向移动，不会产生超程报警。 ( )

12. 机床返回参考点后，如果按下急停开关，机床返回参考点指示灯将熄灭。 ( )

13. 只有在 MDI 或 EDIT 方式下，才能进行程序的输入操作。 ( )

14. FANUC 0i 系统加工中心的坐标偏置存储器“NO. 00 EXT”中设定的值不为零，对 G54 设定的坐标系没有影响。 ( )

15. 在插入新程序的过程中，如果新建的程序号为内存中已有的程序号，则新程序将替代原有程序。 ( )

16. 在 EDIT 模式下的程序编辑过程中，按下“RESET”键即可使光标跳到程序开头。 ( )

17. 数控机床空运行主要用于检查刀具轨迹的正确性。 ( )

18. 在机床自动运行的检视状态下，屏幕显示当前正在执行的程序的前四个程序段。 ( )

19. 机床报警指示灯变亮后，通常情况下通过关闭机床面板上的报警指示灯按钮来熄灭。 ( )

20. 在自动执行过程中执行了“M00;”程序段后，如再次按下循环启动按钮，则系统将继续执行 M00 以后的程序。 ( )

21. 增量进给的最小增量步长是以脉冲当量作为单位的，通常情况下，最小增量步长取 0. 001 mm。 ( )

22. 当程序保护开关处于“OFF”位置时，即使在“EDIT”状态下也不能对 NC 程序进行编辑操作。 ( )

23. 图形显示功能可用来进行程序的检查与校正。 ( )

四、编程题

1. 加工如图 2—9 所示工件，材料为 45 钢，已知毛坯尺寸 100 mm × 45 mm × 10 mm，试编写其数控铣床加工程序，要求如下：

（1）列出所用刀具和加工顺序。

（2）编制加工程序。

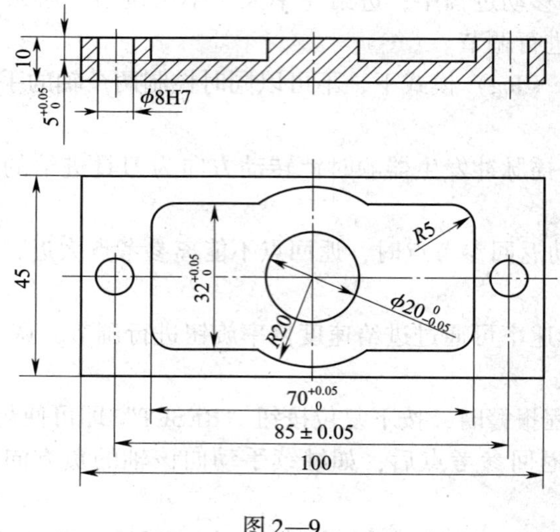

图 2—9

2. 加工如图 2—10 所示工件，材料为 45 钢，已知毛坯尺寸 60 mm × 60 mm × 15 mm，试编写其数控铣床加工程序，要求如下：

（1）列出所用刀具和加工顺序。

（2）编制加工程序。

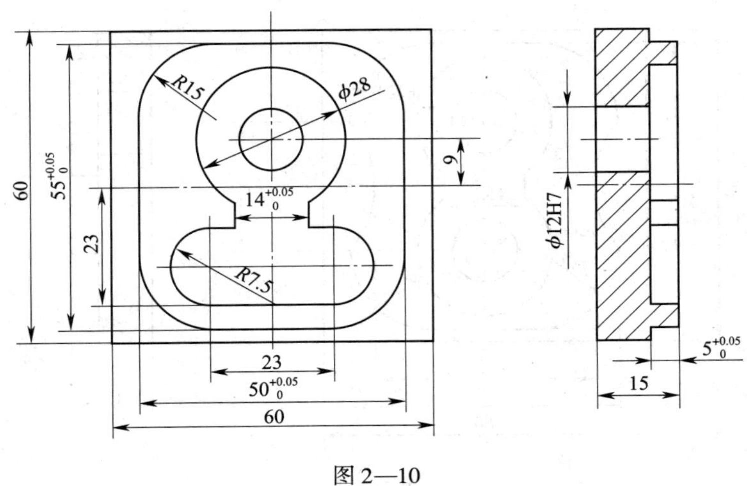

图 2—10

3．加工如图 2—11 所示工件，材料为 45 钢，已知毛坯尺寸 60 mm × 60 mm × 15 mm，试编写其数控铣床加工程序，要求如下：

（1）列出所用刀具和加工顺序。

（2）编制加工程序。

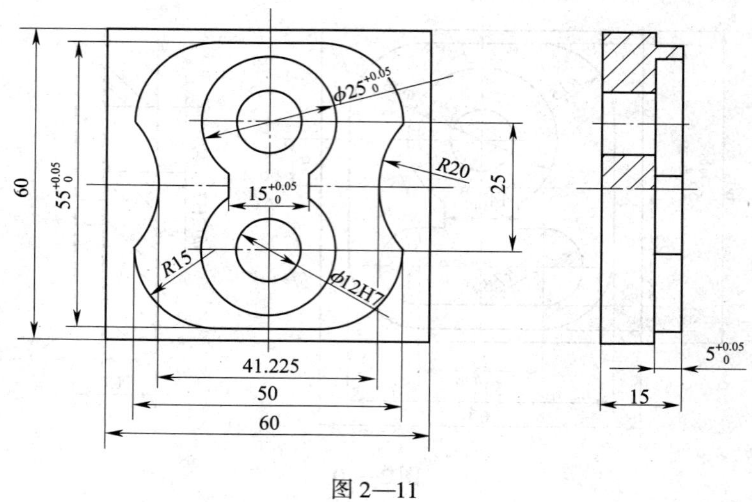

图 2—11

4．加工如图 2—12 所示工件，材料为 45 钢，已知毛坯尺寸 $\phi80$ mm × 20 mm，试编写其数控铣床加工程序，要求如下：

（1）列出所用刀具和加工顺序。

（2）编制加工程序。

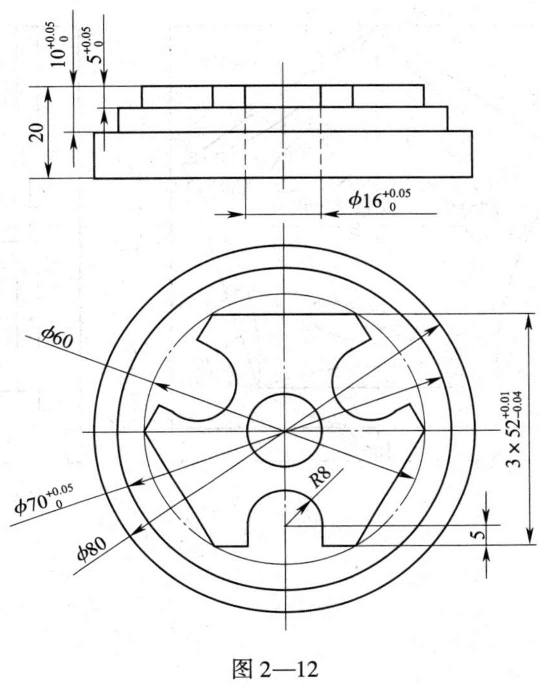

图 2—12

5．加工如图 2—13 所示工件，材料为 45 钢，已知毛坯尺寸 100 mm×100 mm×20 mm，试编写其数控铣床加工程序，要求如下：

（1）列出所用刀具和加工顺序。

（2）编制加工程序。

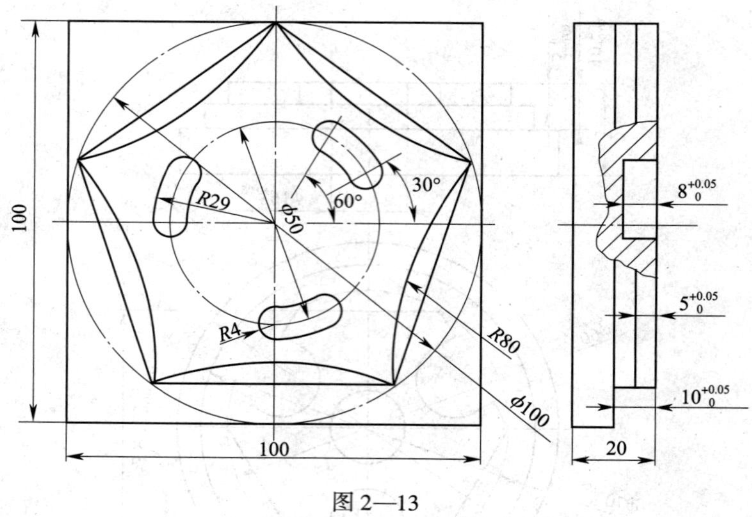

图 2—13

第三章　华中系统的编程与操作

第一节　华中数控系统功能简介

一、填空题

1. 华中数控系统是我国具有自主版权的高性能数控系统，以______、______、______操作系统为基础。

2. 华中系统具有性能高、______、结构紧凑、______、可靠性高的特点。

3. 华中公司生产的 CNC 数控系统主要有______、HNC－21/22M、HNC－210A、______、HNC－08 等系列。

4. 华中系统可采用______、______、______、______等方式进行数据交换。

二、选择题

1. 下列产品中，（　　）不属于华中系统。

   A. HNC－21/22M　　B. HNC－21/22T　　C. HNC－210C　　D. HNC－210B

2. 选择 *ZX* 平面的指令是（　　）。

   A. G17　　B. G18　　C. G19　　D. G20

3. 华中数控系统 HNC－21M 中中央处理单元（CPU）使用的是（　　）位微处理器。

   A. 16　　B. 32　　C. 64　　D. 128

4. HNC－21M 数控系统主要应用于（　　）。

   A. 数控车床　　B. 数控磨床　　C. 数控铣床　　D. 数控钻床

5. G57 指令选择的是（　　）。

   A. 工件坐标系 3　　B. 工件坐标系 4　　C. 工件坐标系 5　　D. 工件坐标系 6

三、判断题

1. 华中数控系统是我国唯一具有自主版权的高性能数控系统。　（　　）
2. HNC－21M 世纪星数控铣床用的是彩色液晶显示器。　（　　）
3. 目前华中数控系统只能应用在数控铣床和加工中心上。　（　　）
4. 华中系统的所有指令与 FANUC 指令可通用。　（　　）
5. HNC－210B 世纪星数控系统应用于数控车床。　（　　）

第二节　轮廓铣削实例

编程题

1．加工如图 3—1 所示工件，材料为 45 钢，已知毛坯尺寸 80 mm×60 mm×20 mm，试编写其数控铣床加工程序。

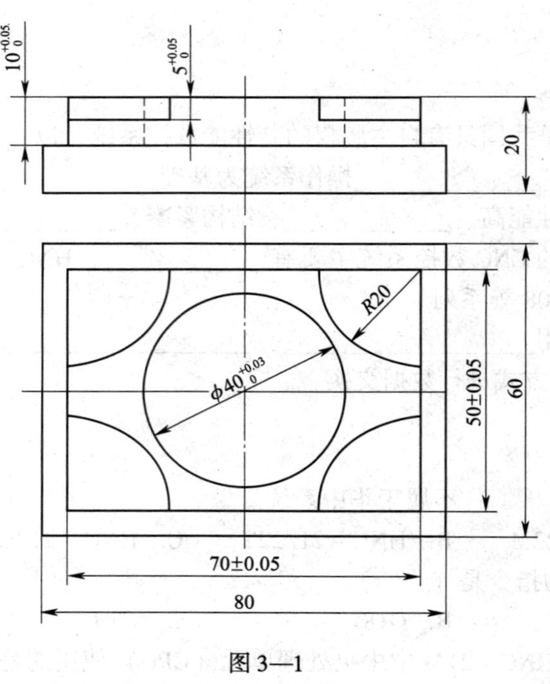

图 3—1

2．加工如图 3—2 所示工件，材料为 45 钢，已知毛坯尺寸 80 mm×80 mm×20 mm，试编写其数控铣床加工程序。

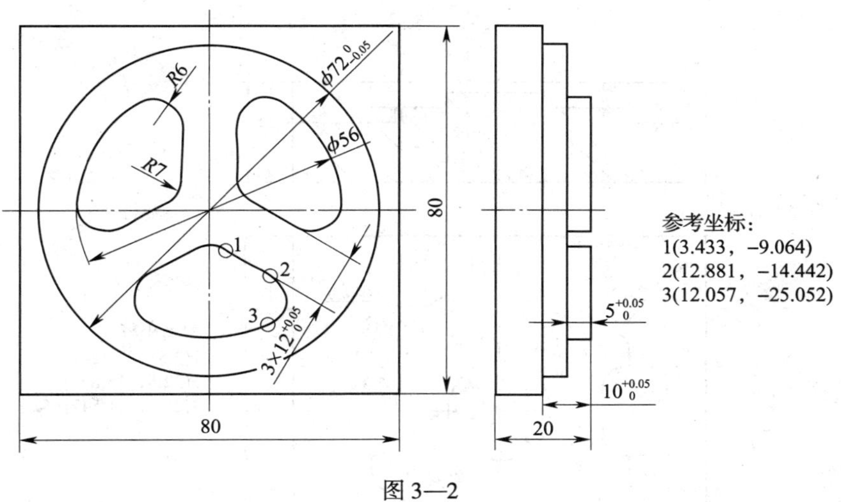

图 3—2

3. 加工如图 3—3 所示工件，材料为 45 钢，已知毛坯尺寸 80 mm × 70 mm × 20 mm，试编写其数控铣床加工程序。

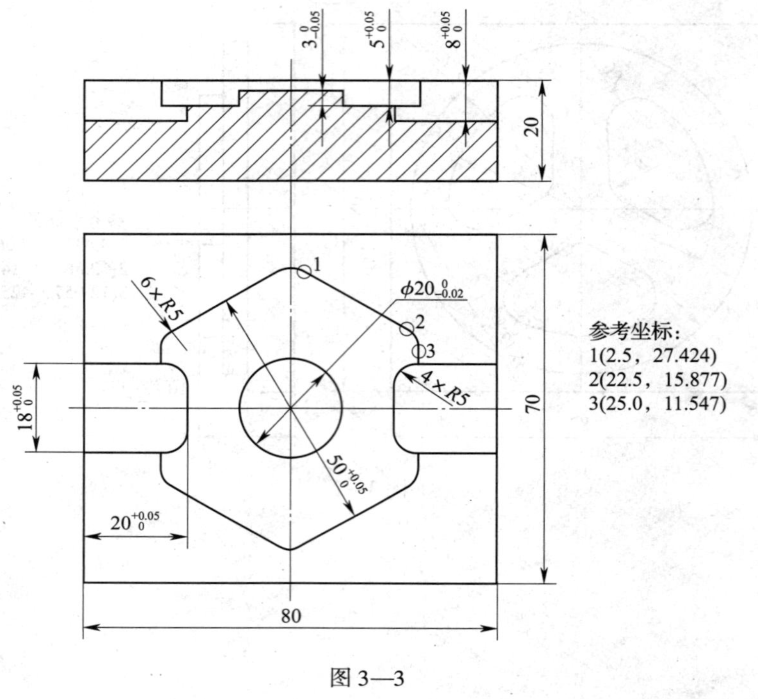

图 3—3

第三节　华中系统数控铣床/加工中心的操作

一、填空题

1. 主菜单命令条中的功能键 F1 代表____________、F2 代表程序编辑、F3 代表____________、F6 代表____________、F9 代表显示方式。

2. ____________的作用是防止伺服机构碰撞而损坏。

3. 程序编辑菜单命令条中保存文件的功能键是______。

4. 增量进给的“×1”“×10”“×100”和“×1 000”四个按键所对应的增量移动量为______、______、______和______。

5. 对于主轴修调按键，按一下“+”键，主轴修调倍率__________；按一下“-”键，主轴修调倍率__________。

6. 对加工时间较长的工件进行断续加工，可采用__________________功能，这为用户提供了方便。

7. 图形联合显示模式包含______________、______________、______________和______________显示模式。

8. MPG 手持单元由________________、__________选择开关组成，主要用于手摇方式增量进给坐标轴。

9. 系统功能操作主要通过菜单命令条中的功能键____________来完成。

10. HNC-21M 的功能菜单有____________、程序编辑、________、MDI、______、故障诊断等项。

11. 在回参考点过程中，发生超程，应按住控制面板上的“____________”按键，向该轴的反方向手动退出超程状态。

12. 在通电和关机之前，应按下“急停”按钮，以____________________。

13. 在显示方式菜单下，可以选择______________、显示值、______________、________________、相对值零点等显示模式。

14. 在手动运行方式下，当“____________”按键有效时，进行手动操作，显示屏上坐标值变化，但不输出伺服轴的移动指令，即机床停止不动。

二、选择题

1. 回参考点时应确保安全，在机床运行方向上不会发生碰撞，一般先选择（　　）向回参考点。

A. *X*　　B. *Y*　　C. *Z*　　D. 4TH

2. 顺时针旋转手摇脉冲发生器一格，*X* 轴将（　　）移动一格增量值。

A. 朝正向　　B. 朝负向

C. 二者都有可能　　D. 先朝正向后朝负向

3. 每按一次进给修调倍率按钮，递增或递减（　　）。

A. 15%　　B. 10%　　C. 5%　　D. 2.5%

4. 增量倍率按键“×10”对应的增量值为（　　）。

A. 0.1　　B. 0.01　　C. 1　　D. 10

5. 手动数据输入（MDI）操作不包括（　　）。

A. 坐标系数据设置　　B. 刀库表数据设置

C. 刀具表数据设置　　D. 文件管理数据设置

6. 退出数据传输的按键是（　　）。

A. Alt + E　　B. Alt + F　　C. Alt + Q　　D. Alt + S

7. 在编辑功能子菜单下，按（　　）键，即可进行替换字符串的操作。

A. F3　　B. F5　　C. F7　　D. F9

8. 对于系统参数的设置与修改需要权限，其中（　　）的权限级别最高。

A. 用户　　B. 数控厂家　　C. 机床厂家　　D. 机床维修人员

9. 数控装置通风散热的风扇过滤网建议每（　　）个月清洗一次。

A. 1　　B. 2　　C. 3　　D. 6

10. 系统启动复位后默认的工作方式是（　　）。

A. 点动　　B. 回零　　C. 自动　　D. 不确定

11. 手动连续进给方式下，进给速率为系统参数最高快移速度的（　　）乘以进给修调按钮选择的进给倍率。

A. 1/2　　B. 1/3　　C. 1/5　　D. 1/10

三、判断题

1. 在自动运行暂停状态下，除了能从暂停处重新启动继续运行外，还可以控制程序从任意行执行。（　　）

2. 切换显示模式时，系统会重画之前的刀具轨迹。（　　）

3. 要返回主菜单时，按子菜单中的 F10 键即可。（　　）

4. 回参考点快移速度必须小于或等于最高快移速度。（　　）

5. 检查面板上的指示灯是否正常是机床通电后必做的步骤。（　　）

6. 按住机床面板上的“急停”按钮，即可解除超程状态。（　　）

7. 关机的步骤：按下“急停”按钮，断开伺服电源，断开数控电源，断开机床电源。（　　）

8. 手摇进给方式可增量进给一个坐标轴或同时增量进给几个坐标轴。（　　）

9. 软极限位置参数在开机后就有效。（　　）

10. 通过显示的报警信息准确地找出程序错误与故障，可为用户修改程序、排除故障提供方便。（　　）

11. 如果输入的 MDI 指令信息不完整或语法错误，系统不会提示错误信息，也不执行 MDI 指令。（　　）

12. 空运行状态下，坐标轴都以最大快移速度移动。（　　）

13. 图形显示参数一般不需要输入，系统会自动选择最优化的图形显示参数。（　　）

14. 为防止参数丢失，一般要对参数进行备份。（　　）

15．在自动运行过程中，也可进入 MDI 运行方式。 （ ）

16．在安装机床时，必须可靠安全地接地，否则可能造成人员的伤亡或设备的损坏，也可能使设备不能正常运行。 （ ）

四、编程题

1．试用固定循环指令编写如图 3—4 所示孔加工程序。

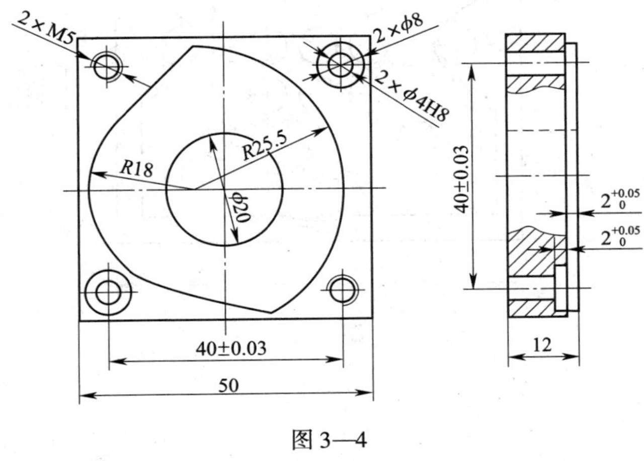

图 3—4

2．试用固定循环 G70（圆周钻孔循环）、G79（棋盘孔循环）指令编写如图 3—5 所示通孔加工程序，方板厚 20 mm。

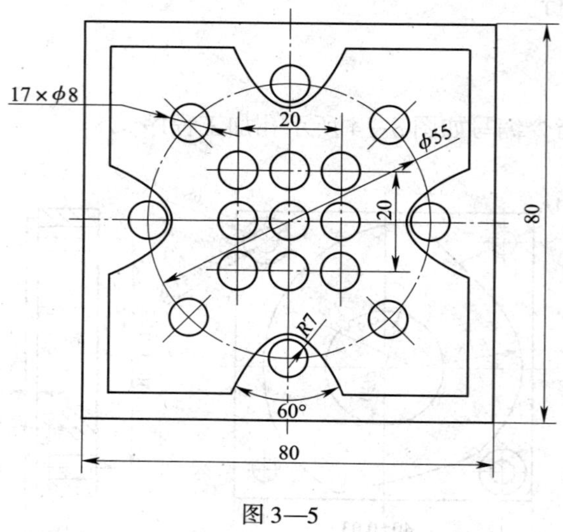

图 3—5

3. 加工如图 3—6 所示工件，材料为 45 钢，已知毛坯尺寸 80 mm × 60 mm × 15 mm，试编写其数控铣床加工程序，要求如下：

（1）列出所用刀具和加工顺序。

（2）编制加工程序。

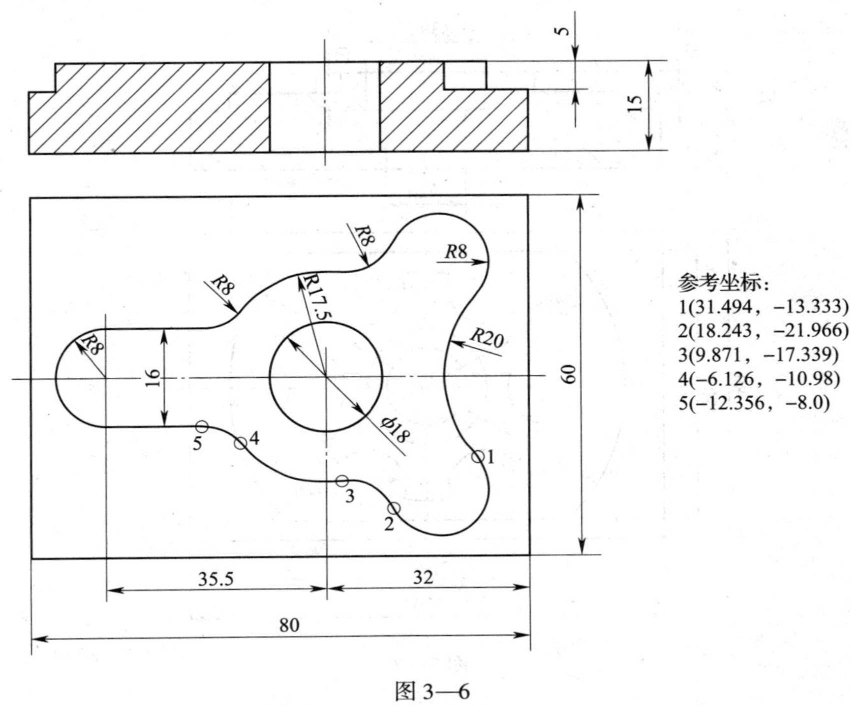

图 3—6

4. 加工如图 3—7 所示工件，材料为 45 钢，已知毛坯尺寸 120 mm × 80 mm × 25 mm，试编写其数控铣床加工程序，要求如下：

（1）列出所用刀具和加工顺序。

（2）编制加工程序。

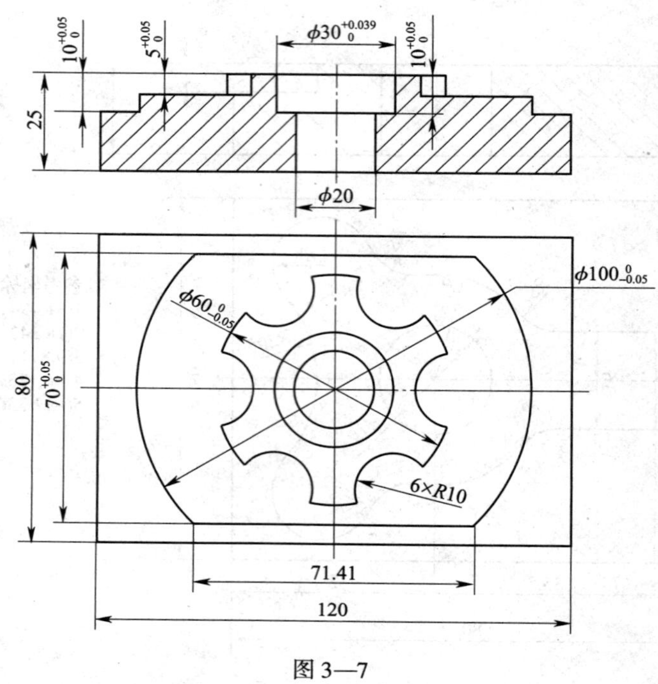

图 3—7

5．加工如图 3—8 所示工件，材料为 45 钢，已知毛坯尺寸 60 mm × 60 mm × 20 mm，试编写其数控铣床加工程序，要求如下：

（1）列出所用刀具和加工顺序。

（2）编制加工程序。

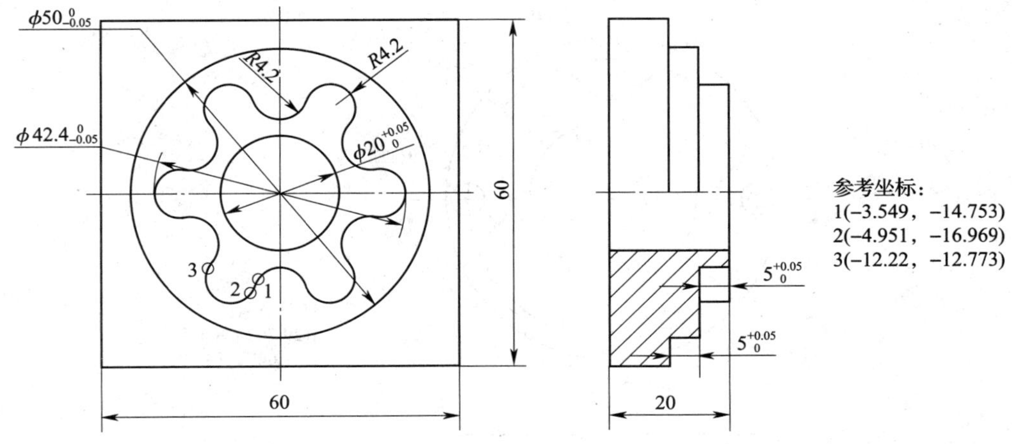

图 3—8

6. 加工如图 3—9 所示工件，材料为 45 钢，已知毛坯尺寸 ϕ80 mm × 15 mm，试编写其数控铣床加工程序，要求如下：

（1）列出所用刀具和加工顺序。

（2）编制加工程序。

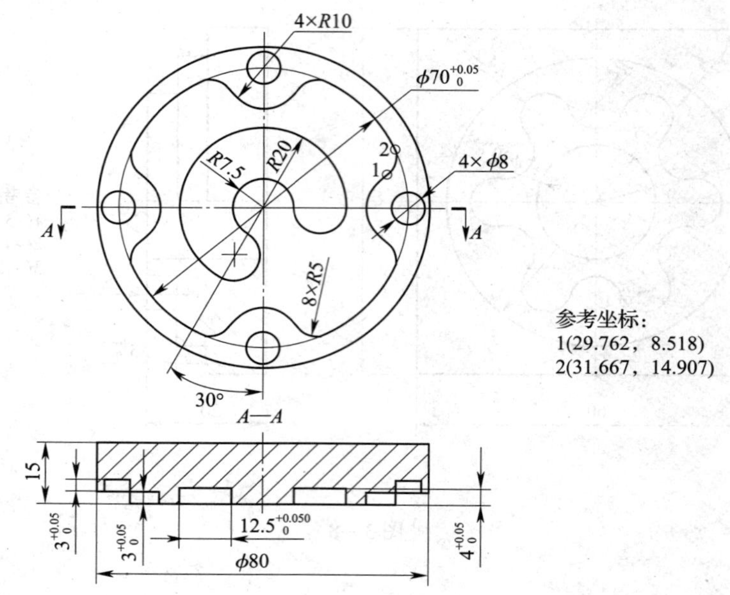

图 3—9

7．加工如图 3—10 所示工件，材料为 45 钢，已知毛坯尺寸 80 mm × 80 mm × 10 mm，试编写其数控铣床加工程序，要求如下：

（1）列出所用刀具和加工顺序。

（2）编制加工程序。

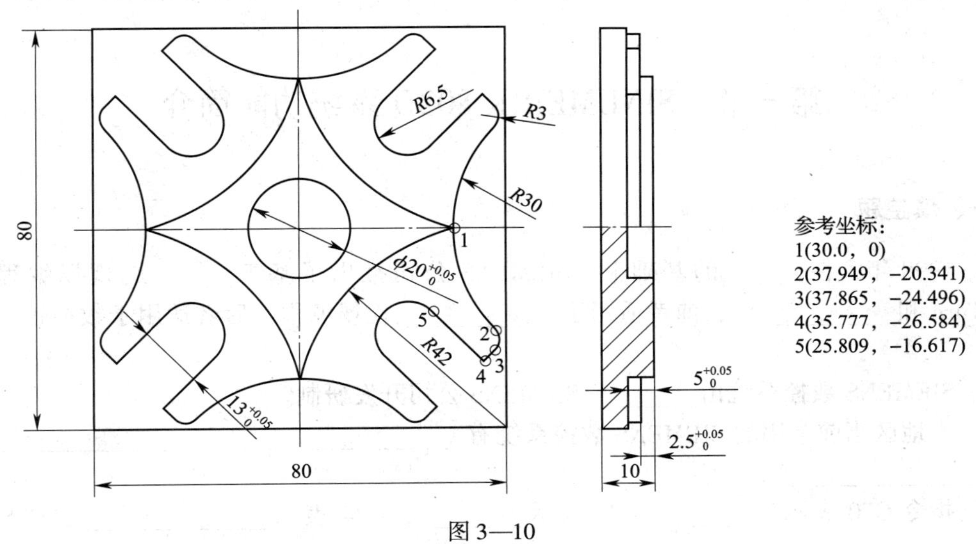

图 3—10

第四章　SIEMENS SINUMERIK 802D 系统的编程与操作

第一节　SINUMERIK 802D 系统功能简介

一、填空题

1. 1998 年，在______的基础上，SIEMENS 公司推出了基于______的现场编程软件 ManulTurn 和____________，前者适用于____________现场编程，后者适用于数控铣床现场编程。

2. SIEMENS 数控系统由________ SIEMENS 公司开发研制。

3. 本地区当前常用的 SIEMENS 数控系统有__________________、__________________和__________________。

4. 指令 G70 表示________，G71 表示________，G74 表示______________，G75 表示______________。

5. SIEMENS 802D 系统是目前我国数控机床上采用较多的数控系统，主要用于____________和____________。

二、选择题

1. 下列数控系统中，采用步进电动机控制的 SIEMENS 数控系统是（　　），且该型号常用于经济型数控车床。

A. 802S　　B. 802D　　C. 810D　　D. 840D

2. 单就开发时间而言，下列数控系统中开发时间最晚的是（　　）系列。

A. SINUMERIK 8　　B. SINUMERIK 810

C. SINUMERIK 840D　　D. SINUMERIK 802

3. 下列指令中，不能用于圆弧加工的指令是（　　）。

A. G02　　B. G03　　C. G04　　D. G05

4. 指令“G25 S500;”表示（　　）为 500 r/min。

A. 设定主轴最高转速　　B. 设定主轴最低转速

C. 设定主轴当前转速　　D. 禁止设定主轴转速

5. 下列指令中，属于非模态指令的是（　　）。

A. G03　　B. G09　　C. G17　　D. G40

6. 下列指令中，不能用于准停的指令是（　　）。

A. G09　　B. G60　　C. G63　　D. G603

三、判断题

1. 西门子系统的 Sprint 系列具有蓝图编程功能。（　　）
2. SIEMENS 802D 采用步进电动机进行控制，因此该型号常用于经济型数控车床。（　　）
3. 在西门子系统中，"G02 X0 Y0 R10.0;"是一段不正确的程序段。（　　）
4. G70 是开机默认代码。（　　）
5. G33、G01、G05 属于同组代码。（　　）

第二节　轮 廓 铣 削

一、填空题

1. SIEMENS 系统可通过起点、终点和张角，__________，起点、终点和中间点，以及__________进行圆弧插补。

2. 整圆加工的螺旋线插补指令是"__________________"。

3. 非整圆加工的螺旋线插补指令是"__________________"。

4. 指令"G03 X10.0 Y20.0 AR=101.0;"中"AR=101.0"表示__________。

5. 在 SIEMENS 系统中，文件扩展名有两种，即______和______。其中______表示主程序，______表示子程序。

二、选择题

1. 螺旋线插补指令中"TURN=3"表示（　　）。

A. 整圆循环的个数　　B. 螺旋线的半径
C. 变化次数　　D. 跳转标记

2. 代号"CT"表示采用（　　）进行圆弧插补。

A. 起点、终点和中间点　　B. 起点、圆心和张角
C. 切线过渡圆弧　　D. 起点、终点、圆心

3. 使用（　　）指令结束子程序并返回主程序时，不会中断 G64 连续路径运行方式。

A. RET　　B. M02　　C. M30　　D. M17

4. 使用（　　）指令结束子程序并返回主程序时，会中断 G64 连续路径运行方式，并进入停止状态。

A. RET　　B. M02　　C. M30　　D. M17

5. 下列指令中，不作为 SIEMENS 系统子程序结束标记的是（　　）。

A. M99　　B. M17　　C. M02　　D. RET

6. SIEMENS 系统的调用子程序指令"L0005 P2;"表示（　　）。

A. 调用子程序 O2 五次　　B. 调用子程序 L5 两次
C. 调用子程序 L0005 两次　　D. 调用子程序 P2 五次

7. 下列 SIEMENS 系统子程序名中，其命名方式不正确的是（　　）。

A. L123　　B. LL123　　C. AA123　　D. A123

8. 在 SIEMENS 802D 系统中，子程序可有（　　）级嵌套。

A. 2　　B. 3　　C. 4　　D. 6

9. 对于子程序指令“L0123 P3;”，如果在 P3 前不加空格则表示（　　）。

A. 调用子程序 L0123P3 共计三次　　B. 调用子程序 L0123P3 共计一次

C. 调用子程序 L0123 共计三次　　D. 调用子程序 L0123 共计一次

三、判断题

1. 螺旋线插补指令只能加工整圆。（　　）
2. 地址“L”加数字只能作为子程序名。（　　）
3. 在 SIEMENS 系统中，子程序与主程序在内容和结构上并无本质区别。（　　）
4. 西门子系统中，“CT X0 Y0;”是一段正确的程序段。（　　）

四、编程题

1. 试编写如图 4—1 所示工件轮廓的加工程序，已知毛坯尺寸 $\phi80$ mm × 10 mm，材料为 45 钢。

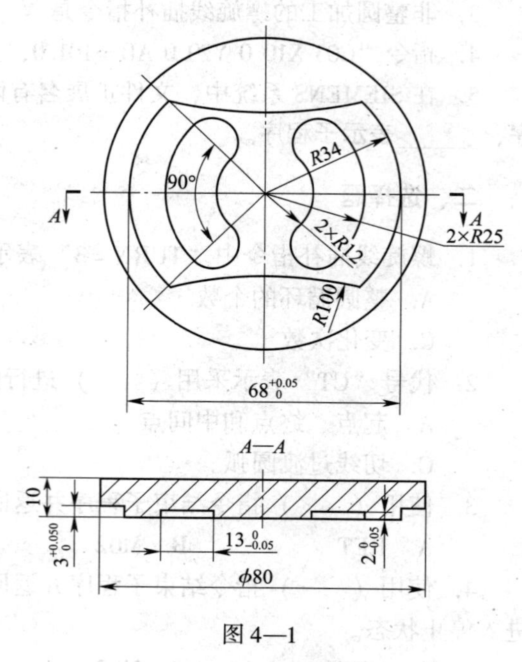

图 4—1

2．试编写如图 4—2 所示工件轮廓的加工程序，已知毛坯尺寸 $\phi80$ mm × 10 mm，材料为 45 钢。

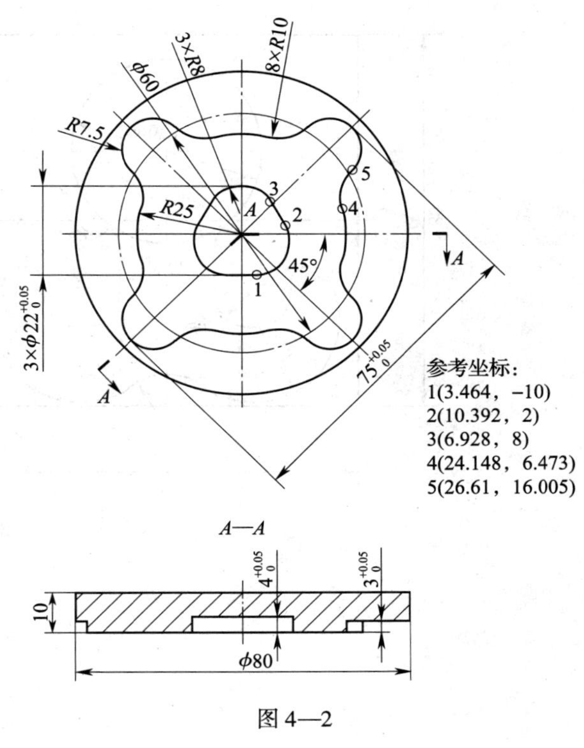

图 4—2

3. 试编写如图 4—3 所示工件轮廓的加工程序，已知毛坯尺寸 80 mm × 80 mm × 15 mm，材料为 45 钢。

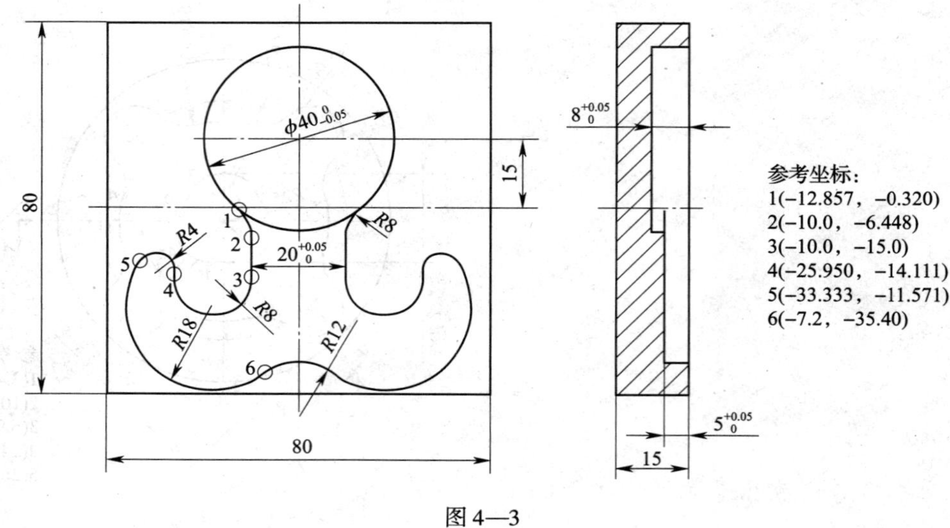

图 4—3

第三节　SINUMERIK 802D 系统的孔加工循环

一、填空题

1. SINUMERIK 802D 系统的固定循环分为________循环、________循环和________循环三类。

2. SINUMERIK 802D 系统孔加工固定循环常用的四个平面从上到下依次为________________、________________、________________和________________。

3. 孔加工固定循环的各项参数中，参数 RTP、RFP、DP 分别表示________________、________________和________________的绝对坐标值。

4. 锪孔循环 CYCLE81 指令的指令格式为“____________________________________”。

5. 刚性攻螺纹 CYCLE84 指令的攻螺纹进给速率由参数________指定，返回参考平面的进给速率则由参数________指定，标准螺距由参数________指定。

6. 镗孔循环 CYCLE89 的指令格式为“____”。

7. 在 SIEMENS 系统的固定循环指令中，能实现孔底主轴准停的指令是________，能实现孔底主轴停转、程序暂停的指令是________和________。

8. SIEMENS 系统中关于钻孔样式的循环，主要用于加工________均布孔和________均布孔，从而大大方便了孔系的加工。

9. 在钻孔样式循环指令“HOLES1（________，________，STA1，FDIS，DBH，NUM）;”中，参数“DBH”表示__________，参数“NUM”表示______。

10. 在钻孔样式循环指令“HOLES2（CPA，CPO，RAD，STA1，INDA，________）;”中，参数“CPA”表示圆周孔均布中心点的__________值，参数“RAD”表示圆周均布____________值。

二、选择题

1. 固定循环参数 DP 与 DPR 的关系为（　　）。

A. DP = RFP − DPR　　B. DP = RFP + DPR

C. DP = RFP + SDIS − DPR　　D. DP = RFP + SDIS + DPR

2. 下列孔加工固定循环的参数中，参数（　　）一定是负值。

A. RTP　　B. RFP

C. DP　　D. 以上均不能肯定

3. 执行指令“CYCLE81（RTP，RFP，SDIS，DP，DPR,）; G00 X20.0 Y20.0;”后，共加工出（　　）个孔。

A. 0　　B. 1　　C. 2　　D. 3

4. SIEMENS 孔加工固定循环刀具进刀时，由快进转为工进的高度平面通常称为（　　）。

A. 返回平面　　B. 加工开始平面

C. 参考平面　　D. 孔底平面

5. 安全距离 SDIS 的取值要考虑到工件表面的尺寸变化，一般情况下取（　　）较为合适。

A. 0 ~ 1　　B. 2 ~ 5

C. 6 ~ 8　　D. 9 ~ 10

6. 采用攻螺纹循环加工 M10 – LH 的标准螺纹，则固定循环 CYCLE84 中的参数“PIT”的值为（　　）。

A. 10　　B. – 10　　C. 1.5　　D. – 1.5

7. 柔性攻螺纹指令 CYCLE840 中关于主轴返回时旋转方向的参数“SDR”，其取值不能为（　　）。

A. 0　　B. 1　　C. 3　　D. 4

8. 下列固定循环指令中，在孔底能进行主轴准停的指令是（　　）。

A. CYCLE86　　B. CYCLE87

C. CYCLE88　　D. CYCLE89

9. 下列固定循环指令中，在孔底能同时实现暂停、主轴停转、程序暂停功能的指令是（　　）。

A. CYCLE82　　B. CYCLE84

C. CYCLE86　　D. CYCLE88

10. 孔底平面到加工开始平面的距离为 30 mm、安全距离为 5 mm，则参数 DPR 的取值为（　　）。

A. 25　　B. – 25　　C. 30　　D. 35

11. 执行指令“N10 G0 X30 Y40；N20 MCALL CYCLE81（30，0，3，，30）；N30 G0 X0 Y0；N40 MCALL；”后，（　　）。

A. 加工出坐标（30，40）位置的一个孔

B. 加工出坐标（0，0）位置的一个孔

C. 加工出坐标（30，40）、（0，0）位置的两个孔

D. 没有加工出孔

12. 下列孔加工固定循环指令的参数中，参数（　　）一定是正值。

A. DP　　B. DPR　　C. RTP　　D. RFP

13. 用指令“CYCLE82（10，0，3，– 15，30，2）；”进行不通孔加工，则加工后孔深为（　　）mm。

A. 10　　B. 3　　C. 15　　D. 30

14. 下列参数中，用于孔底暂停的参数为（　　）。

A. SDIS　　B. RFP　　C. DPR　　D. DTB

15. 下列孔加工指令中，不能执行孔底暂停的指令是（　　）。

A. CYCLE81　　B. CYCLE82

C. CYCLE84　　D. CYCLE89

16. 下列安全间隙，较为合理的值是（　　）mm。

A. 0　　B. 3　　C. – 3　　D. 10

17. 下列固定循环指令中，退回返回平面采用 G01 方式的指令是（　　）。

A. CYCLE81　　B. CYCLE83

C. CYCLE85　　D. CYCLE87

18. 常用于深孔加工的指令是（　　），执行该指令时，为使钻头在每次到达钻孔深度后返回加工开始平面进行排屑，则 VARI 值等于（　　）。

A. CYCLE82　0　　B. CYCLE82　1

C. CYCLE83　0　　D. CYCLE83　1

19. 下列镗孔指令中，常用于精密镗孔的是（　　）。

A. CYCLE86　　B. CYCLE87

C. CYCLE88　　D. CYCLE89

20. 对于圆弧形槽的铣削循环 SLOT1 和 SLOT2，其对于刀具直径的基本要求为（　　）。

A. 槽宽/2 < 铣刀直径 < 槽宽　　B. 槽宽 < 铣刀直径

C. 铣刀直径 < 槽宽/2　　D. 无特殊要求

21. 钻孔样式循环指令 HOLES1 中的参考点位于（　　）。

A. 工件坐标系原点

B. 第一个孔中心与工件坐标系原点连线上

C. 直线均布孔的连线上

D. 圆周均布孔的圆心

22. 铣削循环指令“SLOT1”可作为圆弧槽的（　　）固定循环。

A. 粗加工　　B. 精加工

C. 粗、精综合加工　　D. 以上均可

23. 铣削循环指令“SLOT2”中关于加工类型的参数“VARI”，其取值不可为(　　)。

A. 0　　B. 1　　C. 2　　D. 3

三、判断题

1. 西门子系统的固定循环代码均为模态代码。（　　）

2. 西门子系统的固定循环模态调用过程中，如果出现了 G00 或 G01 等移动指令，将取消固定循环的模态调用。（　　）

3. 返回平面可以设定在任意一个安全高度上，但要求当刀具在返回平面内任意移动时，将不会与夹具、工件凸台等发生干涉。（　　）

4. 西门子系统的参考平面（RFP）和 FANUC 系统的参考平面性质完全相同。（　　）

5. 编写孔加工固定循环时，对于程序中的参数，既可直接用数字编写，也可先对变量赋值，然后在程序中直接调用变量。（　　）

6. 孔加工循环中的参数“RTP”既可用绝对值，也可用增量值。（　　）

7. 由于固定循环中返回平面总处于参考平面的上方，所以参数“RTP”始终为正值。（　　）

8. 在孔加工固定循环非模态调用前，要将刀具移动到孔中心的正上方，否则将在刀具当前位置进行孔加工动作。（　　）

9．固定循环中的孔底暂停是指刀具到达孔底执行进给保持功能，主轴仍保持原转速不变。（ ）

10．执行“N10 G01 X30.0；N20 MCALL CYCLE81（30，0，3，30）；N30 X0 Y0；”中N30 程序段，则刀具以 G01 方式移动到坐标点（0，0）后再执行孔加工循环。（ ）

11．所有孔加工固定循环的加工开始平面均处于参考平面的 +Z 方向，而孔底平面均处于参考平面的 -Z 方向。（ ）

12．孔加工固定循环刀具从返回平面到加工开始平面的移动方式可能是 G00 方式，也可能是 G01 方式。（ ）

13．执行 CYCLE81 孔加工循环指令时，对于刀具从孔底的返回，有可能快速返回至加工开始平面，也有可能快速返回至退回平面。（ ）

14．固定循环 CYCLE81 指令中省略了 DP 值，而用 DPR 值表示孔深，则其书写格式为“CYCLE81（10，0，3，30）；”。（ ）

15．如果固定循环指令中没有给定 F 或 S 值，则必须在固定循环前的指令中给定 F 值，否则会出现程序出错报警。（ ）

16．执行固定循环 CYCLE83 指令时，进给速率等于循环前程序中指定的进给速率，且该值不可以改变。（ ）

17．固定循环指令 CYCLE83 中的参数“DAM”是相对于上次钻孔深度的 Z 向退回量，该值由系统参数指定，无须用户指定。（ ）

18．固定循环指令 CYCLE83 中的参数“DTS”指起始点处用于排屑的停顿时间，该值在参数 VARI = 1 时有效。（ ）

19．标准螺纹 M12 的螺距为 1.75 mm。（ ）

20．采用固定循环 CYCLE85 指令加工孔时，从加工开始平面到孔底平面的切削进给与退刀方式均为 G01 方式，且两者可以指定不同的进给速度。（ ）

21．固定循环 CYCLE82 与 CYCLE89 指令格式相同，因此其执行的动作也相同。（ ）

22．执行 CYCLE87 循环指令，刀具到达孔底后，必须按下“NC START”键才能使刀具从孔底平面以 G00 方式返回退回平面。（ ）

23．执行 CYCLE86 循环指令，刀具在孔底准停后，刀具在第一轴方向上的退刀量用参数“RPO”指定。（ ）

24．指令 CYCLE81 与 CYCLE82 相比，CYCLE82 更适合锪孔或加工台阶孔。（ ）

25．采用固定循环指令进行攻螺纹的过程中，机床上的进给倍率开关与速度倍率开关均无效。（ ）

26．在钻孔样式循环编程过程中，必须在钻孔样式循环指令中定义孔的数量，如果没有定义或定义其值为零，则在程序执行过程中会报警。（ ）

27．在钻孔样式循环编程过程中，必须用 MCALL 指令模态调用单个孔加工循环，才能实现钻孔样式循环。（ ）

28．在编制铣削循环程序前，必须先编制刀具半径补偿指令，否则在程序执行过程中会报警。（ ）

四、编程题

1. 图 4—4 所示为孔加工循环的各个平面，试在各平面标明参数（如 DPR 等）。

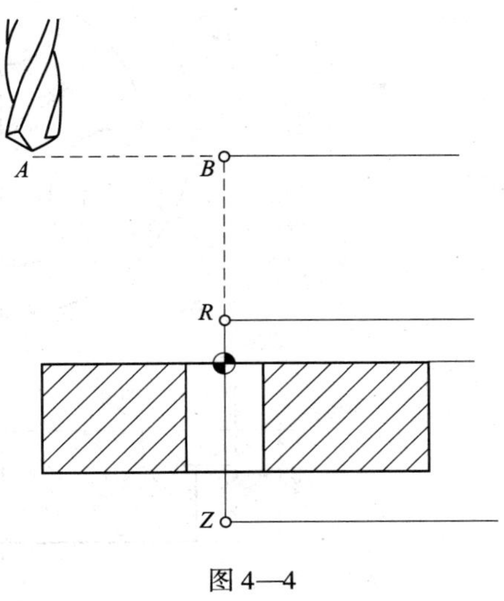

图 4—4

2．试用钻孔循环指令编写如图 4—5 所示轮廓与孔的加工程序。

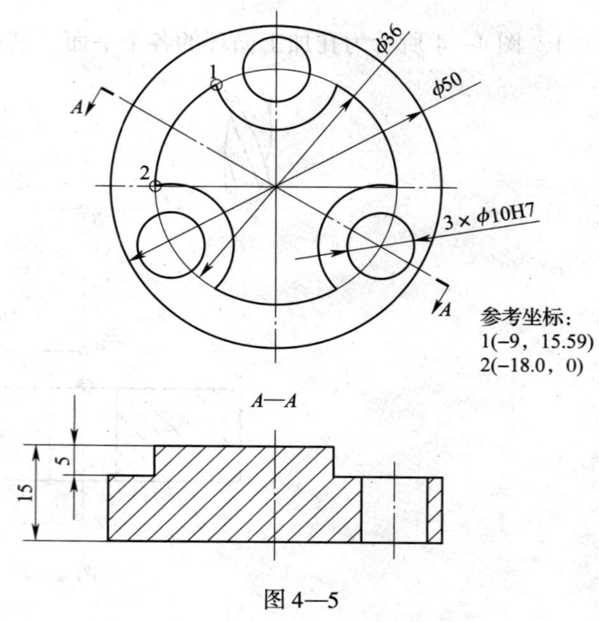

图 4—5

3．试用钻孔循环指令编写如图 4—6 所示轮廓与孔的加工程序。

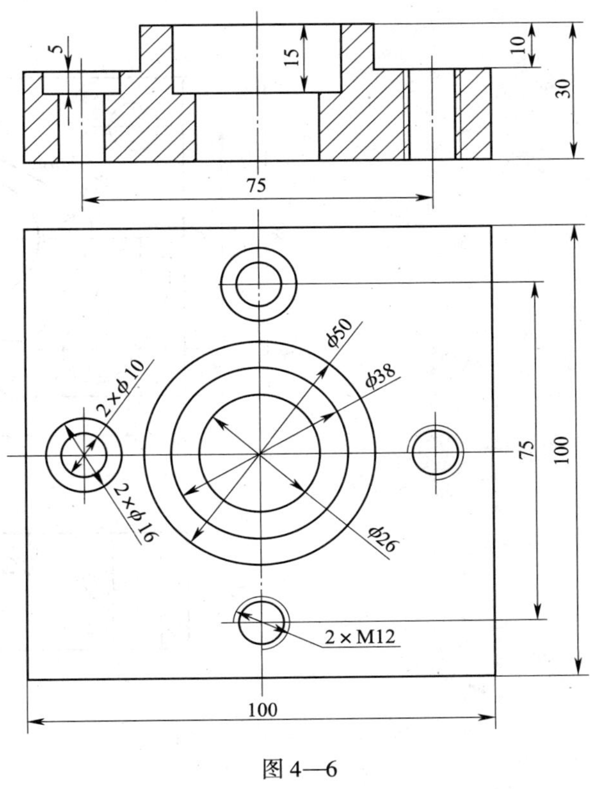

图 4—6

4. 试用铣削循环指令编写如图 4—7 所示工件的加工程序。

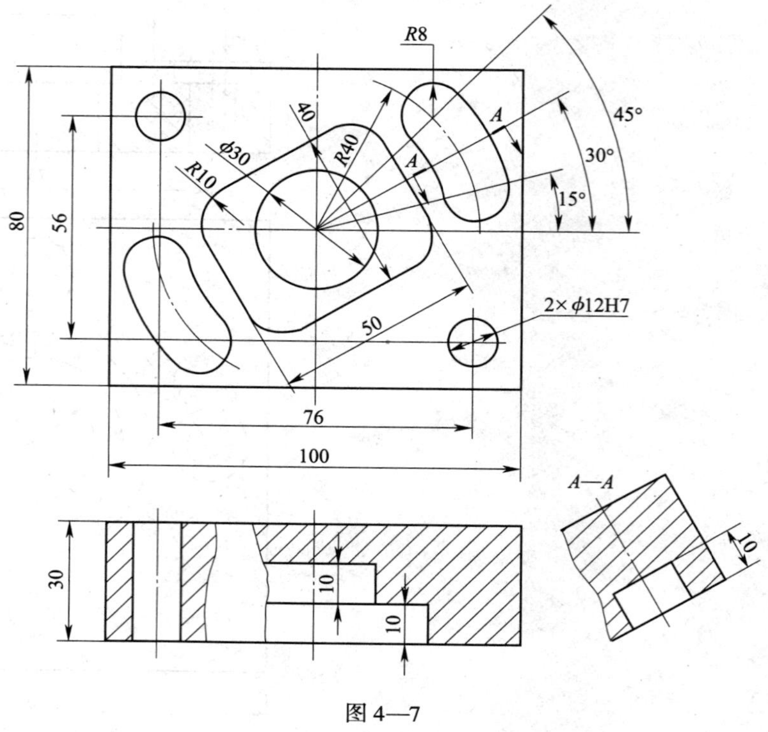

图 4—7

第四节　SINUMERIK 802D 系统数控铣床/加工中心的操作

一、填空题

1. SIEMENS 系统的屏幕可分为＿＿＿＿＿＿＿＿＿＿、＿＿＿＿＿＿＿＿＿＿和＿＿＿＿＿＿＿＿＿三部分。

2. 手动控制运行有＿＿＿方式和＿＿＿方式。

3. MDI 功能键中，[POSITION]是＿＿＿＿＿＿＿键，[PROGRAM]是＿＿＿＿＿＿＿键，[OFFSET PARAM]是＿＿＿＿＿＿＿＿键，[PROGRAM MANAGER]是＿＿＿＿＿＿＿＿键，[SYSTEM ALARM]是＿＿＿＿＿＿＿＿键。

4. 在机床的模式选择开关中，按钮“REF”用于＿＿＿＿＿＿，按钮“Jog”用于＿＿＿＿＿＿。

二、选择题

1. SIEMENS 系统手动返回某轴的参考点时，应按下该轴刀具进给的（　　）移动按钮。

A. 正向　　B. 负向

C. 由刀具所处位置确定　　D. 无法确定

2. 在重新返回中断点时，轴的移动方式通常是（　　）。

A. 先返回 X 轴　　B. 先返回 Z 轴

C. 同时返回 X 轴与 Y 轴　　D. 三轴同时返回

3. 在 SIEMENS 系统中，执行手动数据输入的模式选择按钮是（　　）。

A. MDI　　B. MDA

C. VAR　　D. Jog

4. 在 SIEMENS 系统中，增量进给的模式选择按钮是（　　）。

A. MDI　　B. MDA

C. VAR　　D. Jog

5. 在 SIEMENS 系统的模式选择按钮中，用于程序编辑操作的按钮是（　　）。

A. EDIT　　B. MDA

C. VAR　　D. Jog

6. 按下机床控制面板上的复位键（RESET），不能完成下列工作中的（　　）。

A. 机床停止自动运行　　B. 设置程序指针回到开头

C. 消除部分机床报警　　D. 解除硬限位超程

7. 如果要在自动运行过程中用进给倍率开关对 G00 速度进行控制，则要在“程序控制”中将（　　）项打开。

A. SKP　　B. ROV

C. DRY　　　　　　　　　　D. M01

8. 在程序控制功能下的各软键中，用于激活“程序段跳转”的是（　　）。

A. SKP　　B. ROV　　C. DRY　　D. M01

9. 如果将增量步长设为“10”，要使主轴移动 20 mm，则手摇脉冲发生器要转过(　　) 圈。

A. 0.2　　B. 2　　C. 20　　D. 200

10. 当机床屏幕上出现“AIR PRESSURE IS LOWER”的报警时，产生报警的原因是（　　）。

A. 润滑电动机或冷却电动机故障

B. 空气压力不足

C. 刀具夹紧状态不正常

D. 机床超程没有解除

11. 当出现紧急情况按下急停按钮时，机床 CNC 装置随即处于急停状态，此时在屏幕上出现（　　）字样，机床报警指示灯亮。

A. EMG　　　　　　　　　　B. ALARM

C. CANCEL　　　　　　　　D. 原显示没有变化

12. 数控机床空运行主要用于检查（　　）。

A. 程序编制的正确性　　　　B. 刀具轨迹的正确性

C. 机床运行的稳定性　　　　D. 加工精度的正确性

三、判断题

1. 回参考点只有在 Jog 方式下有效。（　　）

2. 同一把刀具只可设定一个刀补号。（　　）

3. 在 CNC 进行工作之前，必须在 NC 上通过参数的输入和修改，对机床、刀具等的操作进行指定。（　　）

4. 轮廓编程与 G 代码编程一样，也允许在编程指令间插入其他辅助功能指令。（　　）

5. 在 MDI 方式下输入“T12 L6;”，然后按循环启动按钮，即可将刀库中的 12 号刀装入主轴。（　　）

6. 在回参考点的过程中，如果选择了错误的回参考点方向，则不会产生回参考点的动作。（　　）

7. 在自动运行状态下，按下循环启动停止键，机床的主轴转速功能及冷却、润滑将被停止执行。（　　）

8. 加工中心在手动返回参考点的过程中，先执行 X 轴和 Y 轴返回，再执行 Z 轴返回较为合适。（　　）

9. 只有在自动运行过程中将“程序控制”中的“选择停止”选项打开时，M00 才有效，否则机床仍执行后续的程序段。（　　）

10. 程序自动运行过程中，严禁使用主轴倍率调整旋钮来调节主轴转速，以防损坏变速齿轮。（　　）

11. 程序块的覆盖存储功能可以在自动运行过程中实现。（　　）

12. 程序中不能将 F 值设为零使进给停止，但可用机床面板上的进给速度倍率旋钮将进

给速度调成“0”，从而使进给停止。 （ ）

13. 通常情况下，手摇脉冲发生器逆时针转动方向为正向进给方向，顺时针转动方向为负向进给方向。 （ ）

14. 零点偏置参数中基本偏置参数的数值对用 G54 设定的零点偏置没有影响。 （ ）

15. 对于 SIEMENS 系统的子程序，程序名如不以字母 L 开头，则其前两位必须以字母开头。 （ ）

16. 当执行指令“G74 Z0;”时，刀具将从当前点位置直接返回 *Z* 向参考点。 （ ）

17. 加工中心的日常维护与保养是由操作人员进行的。 （ ）

18. 数控机床在进给过程中绝对不允许改变进给速率，否则将会产生意想不到的严重后果。 （ ）

19. 机床通电过程中，请务必不要碰 MDI 面板上的任何键，以防止产生使机床数据丢失等的误操作。 （ ）

20. SIEMENS 系统在自动运行的检视状态下显示的实时工件坐标值是刀具中心的坐标而非工件轮廓轨迹的坐标。 （ ）

四、编程题

1. 画出下列加工程序在 *XY* 平面内的加工轨迹。

```
AA123. MPF
G90 G94 G40 G71 G54 F100;
T1 D1;
G74 Z0;
G00 X20.0 Y-20.0;
    Z30.0;
M03 S600;
BB456;
G74 Z0;
M05;
M30;
BB456. SPF
G01 Z-10.0;
G41 G01 X0 Y0;
    Y20.0;
G02 X24.0 CR=12.0;
G03 X44.0 CR=10.0;
G01 X50.0;
    Y0.0;
    X0.0;
G40 X20.0 Y-20.0;
RET;
```

2. 加工如图 4—8 所示工件，材料为 45 钢，已知毛坯尺寸 60 mm × 60 mm × 10 mm，试编写其数控铣床加工程序，要求如下：

（1）列出所用刀具和加工顺序。

（2）编制加工程序。

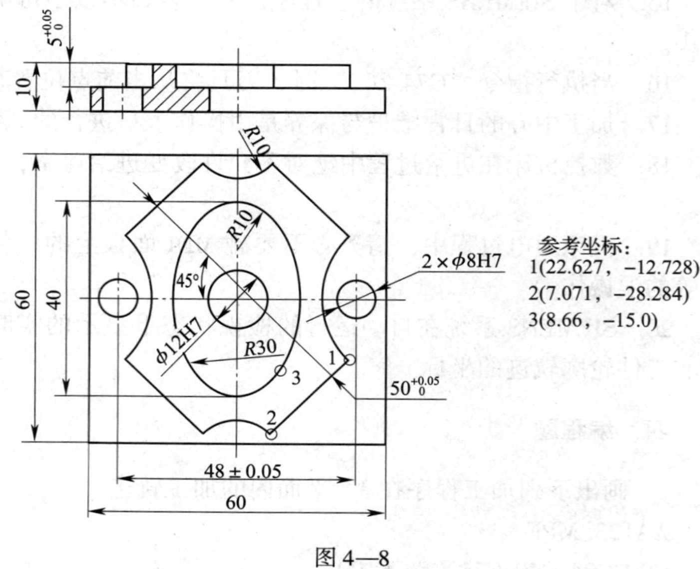

图 4—8

3．加工如图 4—9 所示工件，材料为 45 钢，已知毛坯尺寸 60 mm×50 mm×15 mm，试编写其数控铣床加工程序，要求如下：

（1）列出所用刀具和加工顺序。

（2）编制加工程序。

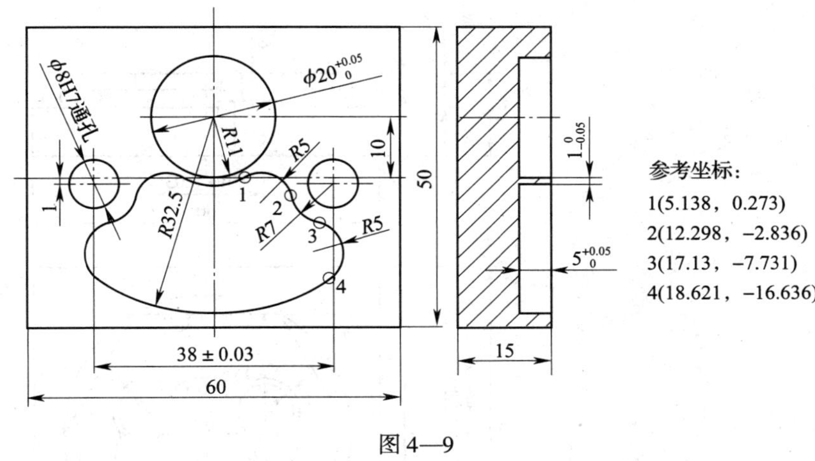

图 4—9

4. 加工如图 4—10 所示工件，材料为 45 钢，已知毛坯尺寸 60 mm × 60 mm × 15 mm，试编写其数控铣床加工程序，要求如下：

（1）列出所用刀具和加工顺序。

（2）编制加工程序。

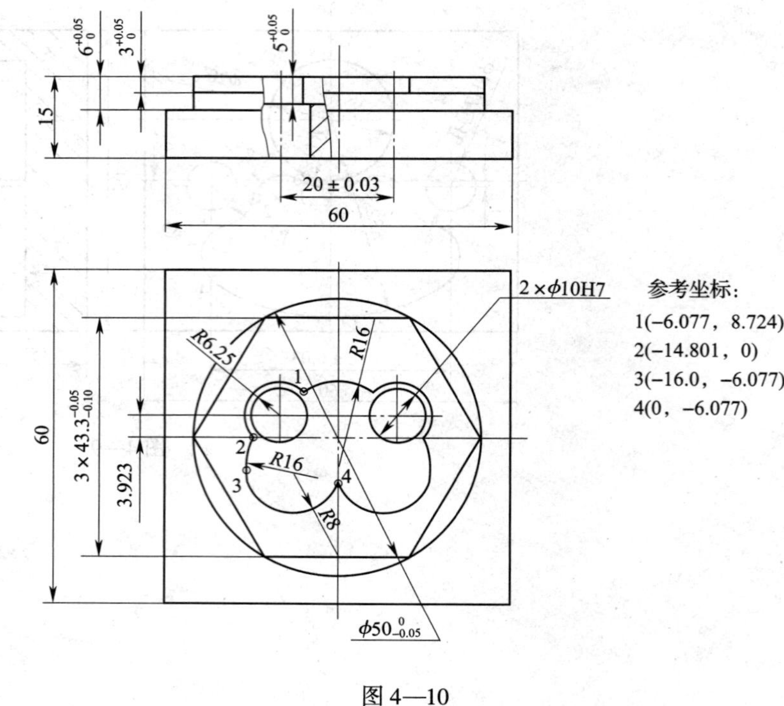

图 4—10

5. 加工如图 4—11 所示工件，材料为 45 钢，已知毛坯尺寸 ϕ 80 mm × 20 mm，试编写其数控铣床加工程序，要求如下：

（1）列出所用刀具和加工顺序。

（2）编制加工程序。

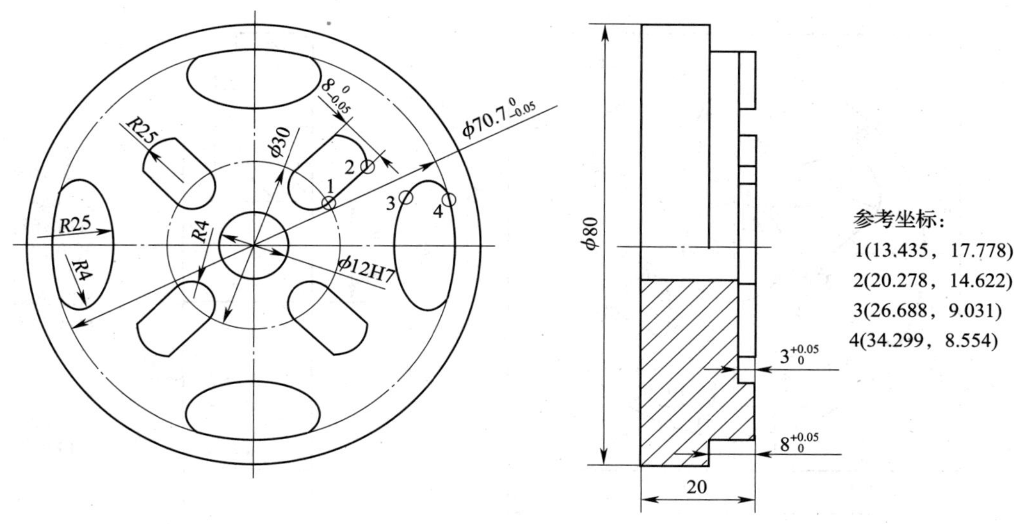

图 4—11

6．加工如图 4—12 所示工件，材料为 45 钢，已知毛坯尺寸 70 mm × 70 mm × 20 mm，试编写其数控铣床加工程序，要求如下：

（1）列出所用刀具和加工顺序。

（2）编制加工程序。

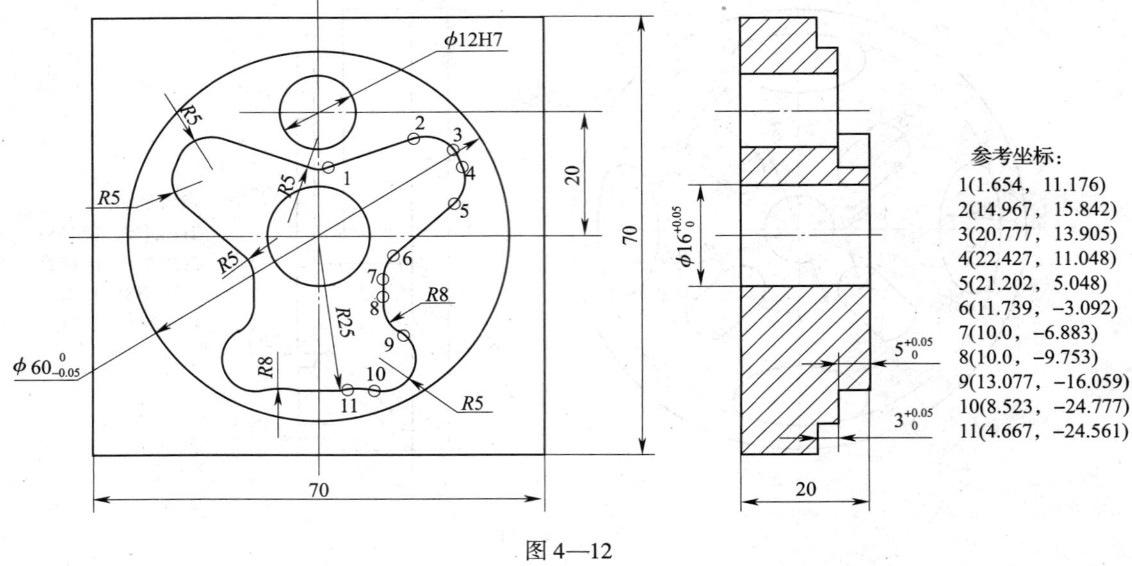

图 4—12

第五章　SIEMENS SINUMERIK 828D 系统编程与操作

第一节　SINUMERIK 828D 系统功能简介

一、填空题

1. SINUMERIK 828D 系统是新一代的数控系统，主要用于________、________和______。

2. 在 SIEMENS 系统中，文件扩展名有两种，即________和______，其中______表示主程序，______表示子程序。

3. SINUMERIK 828D 系统常用功能指令主要分为三类，即________指令、________指令及________指令。

4. SINUMERIK 828D 系统编程的特点是直观、简单、方便。编程操作人员可以根据编程向导按照________的步骤填写________，大大缩短了编程时间，同时确保了程序的准确度。

5. 本地区当前常用的 SIEMENS 数控系统有________________、________________和________________。

二、选择题

1. SINUMERIK 828D 系统支持（　　）工艺的应用，具有可选的水平、垂直面板布局和两级性能，能满足不同安装形式和不同性能要求的需要。

A. 车工和铣工　　B. 车工　　C. 车工和磨工　　D. 铣工

2. SINUMERIK 828D 系统常用功能指令主要分为三类，即（　　）指令、辅助功能指令及其他功能指令。

A. 转速功能　　B. 冷却功能

C. 刀具功能　　D. 准备功能

3. 下列指令中，不能用于圆弧加工的指令是（　　）。

A. G02　　B. G03　　C. G04　　D. G05

4. 选择编程 *XY* 平面的指令为（　　）。

A. G18　　B. G17　　C. G19　　D. G20

5. 下列指令中，属于非模态代码的指令是（　　）。

A. G03　　B. G53　　C. G17　　D. G40

6. 下列指令中，控制切削液开的指令是（　　）。

A. M00　　B. M09　　C. M08　　D. M01

三、判断题

1. SINUMERIK 828D 系统准备功能指令表中的固定循环和固定样式循环及用“＊”表示的 G 代码均为非模态代码。（　　）

2. SINUMERIK 828D 系统采用步进电动机进行控制，因此该型号常用于经济型数控车床。（　　）

3. 不同组的 G 代码在同一程序段中可以指令多个。如果在同一程序段中指令了多个同组的 G 代码，仅执行最后指定的 G 代码。（　　）

4. SINUMERIK 828D 系统开机默认代码有 G90、G97、G01、M03。（　　）

5. 机床准停指令 G601 一定要在 G60 或 G09 有效时才有效。（　　）

第二节　孔加工循环

一、填空题

1. 为了保证在钻孔过程中孔的位置精度比较高，通常需要在钻孔之前安排一个钻削预定位孔的工序。尤其是在深孔钻削之前，防止钻头引偏显得尤为重要。钻中心孔用______指令进行编程，所用的刀具一般是钻尖角为______的中心钻。

2. SINUMERIK 828D 系统孔加工固定循环常用的四个平面从上到下依次为____________、____________、__________和________。

3. SINUMERIK 828D 系统孔加工循环中有多个孔需要加工时可以用模态指令________来进行编程，采用这种格式后，只要不取消模态调用，则刀具每执行一次移动量，将执行一次固定循环调用。

4. 在传统的机械加工中，深孔的定义一般是指孔的深度与孔的直径的比值_________的孔。深孔加工的工艺要点在于对切屑的特别处理。如果切屑不能顺利排出，轻则影响孔壁的加工质量，重则可能会导致钻头折断。所以在深孔钻削循环中，系统特别采用了孔内______或者孔外______的处理方法。

5. 在 SINUMERIK 828D 系统中，攻螺纹可分为__________和__________两种，分别用__________和__________指令来表示。

6. 在固定循环的各项参数中，参数 RTP、RFP、DP 分别表示__________、__________和__________的绝对坐标值。

7. 柔性攻螺纹中通常使用____________，这种攻螺纹刀柄采用______机构来带动丝锥，当攻螺纹转矩______棘轮机构的转矩时，丝锥在棘轮机构中打滑，从而防止丝锥________。

8. 精镗孔指令用________指令，镗孔刀以切削进给方式加工到孔底，实现主轴准停。RPA 表示刀具在__________方向移动，RPO 表示在________方向移动，RPAP 表示在________方向移动，使刀具脱离工件表面，保证刀具退出时不擦伤工件表面。

9. 加工深孔时，主要会出现____________、____________、____________等现象，易

使＿＿＿＿＿＿引起孔的轴线＿＿＿＿＿＿，从而影响加工精度和生产效率。

10．CYCLE85 指令常用于＿＿＿＿＿和＿＿＿＿＿加工，也可用于＿＿＿＿＿加工。

二、选择题

1．SINUMERIK 828D 系统编程的特点是（　　）。

A．直观、简单、方便　　B．烦琐、复杂

C．会增加编程时间　　D．系统自带的参数输入编程正确率不高

2．没有刀具孔底停留时间的钻孔固定循环指令为（　　）。

A．CYCLE81　　B．CYCLE80

C．CYCLE82　　D．CYCLE83

3．下列孔加工固定循环的参数中，（　　）参数值可以反映出孔深。

A．RTP　　B．RFP　　C．SDIS　　D．DP/DPR

4．（　　）可修正上一工序所产生的孔的轴线位置公差，保证孔的位置精度。

A．镗孔　　B．扩孔　　C．铰孔　　D．锪孔

5．安全距离 SDIS 的取值要考虑工件表面的尺寸变化，一般情况下取（　　）较为合适。

A．0～1　　B．2～5　　C．6～8　　D．9～10

6．钻中心孔所用的刀具一般是钻尖角为（　　）的中心钻。

A．60°　　B．30°　　C．180°　　D．90°

7．扩孔一般用于孔的（　　）。

A．粗加工　　B．半精加工　　C．精加工　　D．超精加工

8．下列固定循环指令中，在孔底能进行主轴准停的指令是（　　）。

A．CYCLE86　　B．CYCLE87

C．CYCLE88　　D．CYCLE89

9．下列固定循环指令中，在孔底能同时实现暂停、主轴停转、程序暂停功能的指令是（　　）。

A．CYCLE82　　B．CYCLE84

C．CYCLE86　　D．CYCLE88

10．CYCLE83 固定循环指令中的“_GMODE”参数选择“刀杆”的方式表示切削深度时，则 Z1 尺寸为（　　）。

A．钻削深度　　B．除去钻尖部分的钻杆切入的净深度

C．含钻尖的钻削深度　　D．钻孔直径

11．执行指令“N10 G0 X30 Y40；N20 MCALL CYCLE81（30，0，3，，30）；N30 G0 X0 Y0；N40 MCALL；”后，加工出（　　）。

A．坐标（30，40）位置的一个孔

B．坐标（0，0）位置的一个孔

C．以上两个位置的两个孔

D．没有加工出孔

12．下列孔加工固定循环指令中，（　　）指令用于深孔切削循环。

A. CYCLE81　　B. CYCLE83
C. CYCLE82　　D. CYCLE85

13. 加工 ϕ120 mm 的孔，常采用的加工方法是（　　）。
A. 钻孔　B. 扩孔　C. 镗孔　D. 铰孔

14. 在自动换刀机床的刀具自动夹紧装置中，刀杆通常采用（　　）的大锥度锥柄。
A. 7∶24　B. 8∶20　C. 6∶20　D. 5∶20

15. 下列孔加工指令中，不能执行孔底暂停的指令是（　　）。
A. CYCLE81　　B. CYCLE82
C. CYCLE84　　D. CYCLE89

16. 下列孔循环指令中，表示从参考平面到加工开始平面的距离的是（　　）。
A. DMODE　B. SDIS　C. RTP　D. RFP

17. 下列固定循环指令中，退回返回平面采用 G01 方式的指令是（　　）。
A. CYCLE81　　B. CYCLE83
C. CYCLE85　　D. CYCLE87

18. 镗孔循环中能实现孔底暂停且 Z 向手动方式退刀的指令是（　　）。
A. CYCLE86　　B. CYCLE87
C. CYCLE89　　D. CYCLE88

19. 下列镗孔指令中，常作为精密镗孔指令的是（　　）。
A. CYCLE86　　B. CYCLE87
C. CYCLE88　　D. CYCLE89

20. 面板“钻削”编程中孔循环参数钻削深度 Z1 可以使用（　　）形式表示。
A. 绝对值　　B. 机械坐标
C. 增量坐标或绝对坐标　　D. 相对值

21. 深孔钻削循环指令中的 VARI 参数为（　　）时表示为排屑。
A. 0　B. 1　C. 2　D. 3

三、判断题

1. 孔加工固定循环刀具下刀时，由快进转为工进的高度平面通常称为参考平面。（　　）

2. 孔加工固定循环无须采用刀具补偿。（　　）

3. 弹簧夹头有 ER 和 KM 两种，ER 弹簧夹头的夹紧力较大，适于强力铣削。（　　）

4. 进行多个孔的固定循环编程时，可用 MCALL 位置模式简化编程。（　　）

5. 锪钻可分为柱形锪钻、锥形锪钻和端面锪钻三种。（　　）

6. 孔加工循环中的参数 RTP 既可用绝对值进行编程，也可用增量值进行编程。（　　）

7. 手工编程适合形状简单、计算方便、轮廓由直线或圆弧组成的简单零件的加工。（　　）

8. 在孔加工固定循环非模态调用前，要将刀具移动到孔中心的正上方，否则将在刀具当前位置进行孔加工动作。（　　）

9. 固定循环中的孔底暂停是指刀具到达孔底执行进给保持功能，主轴仍保持原转速不变。（　　）

10. 执行指令“N10 G01 X30.0；N20 MCALL CYCLE81（30，0，3，，30）；N30 X0 Y0；”的 N30 程序段，则刀具以 G01 方式移动到坐标点（0，0）后再执行孔加工循环。（　　）

11. CYCLE81 孔加工进给采用间隙式切削进给。（　　）

12. 刚性攻螺纹对机床的主轴要求不高，不一定要使用带编码器的伺服主轴。（　　）

13. 执行 CYCLE81 孔加工循环时，对于刀具从孔底的返回，有可能快速返回至加工开始平面，也有可能快速返回至退回平面。（　　）

14. 在攻螺纹过程中，主轴旋转的位置与丝锥进给轴的位移之间必须保持严格同步。（　　）

15. 如果固定循环指令中没有给定 F 值或 S 值，则必须在固定循环前的指令中给定 F 值，否则会出现程序出错报警。（　　）

16. 执行固定循环 CYCLE83 时，进给率等于循环前程序中指定的进给率，且该值不可以改变。（　　）

17. 固定循环指令 CYCLE83 中的参数 DAM 值是相对于上次钻孔深度的 Z 向退回量，该值由系统参数指定，无须用户指定。（　　）

18. 刚性攻螺纹指令可以用于较高转速的攻螺纹。（　　）

19. 标准螺纹 M12 的螺距为 1.75 mm。（　　）

20. 采用固定循环指令 CYCLE85 加工孔时，从加工开始平面到孔底平面的切削进给与退刀方式均为 G01 方式，且两者可以指定不同的进给速度。（　　）

21. 刚性攻螺纹的选择模式有刚性攻螺纹和带补偿夹具攻螺纹（柔性攻螺纹）两种。（　　）

22. 铰孔属于精密加工的方法，所使用的加工刀具叫铰刀。（　　）

23. 精镗孔加工循环属于精密加工方法，它对刀具有特殊的要求，首先刀具必须是单刀头的精镗刀。（　　）

24. 指令 CYCLE81 与 CYCLE82 相比，CYCLE82 更适合于锪孔或阶台孔的加工。（　　）

25. 采用固定循环执行攻螺纹加工过程中，机床上的进给倍率开关与速度倍率开关均无效。（　　）

26. 孔加工循环 CYCLE86 指令中内部参数 RPA 为 X 轴的退刀返回量。（　　）

27. 在钻孔样式循环编程过程中，必须用 MCALL 指令模态调用单个孔加工循环，才能实现钻孔样式循环。（　　）

28. 在编制铣削程序前，必须先编写刀具半径补偿指令，否则在程序执行过程中会报警。（　　）

四、编程题

1. 试用钻孔循环编写如图 5—1 所示孔加工程序。

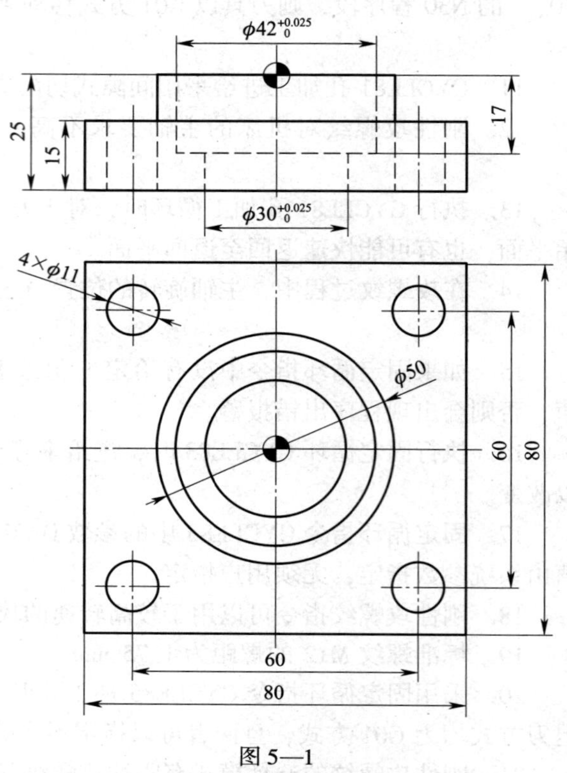

图 5—1

2. 试用钻孔循环编写如图 5—2 所示轮廓与孔加工程序。

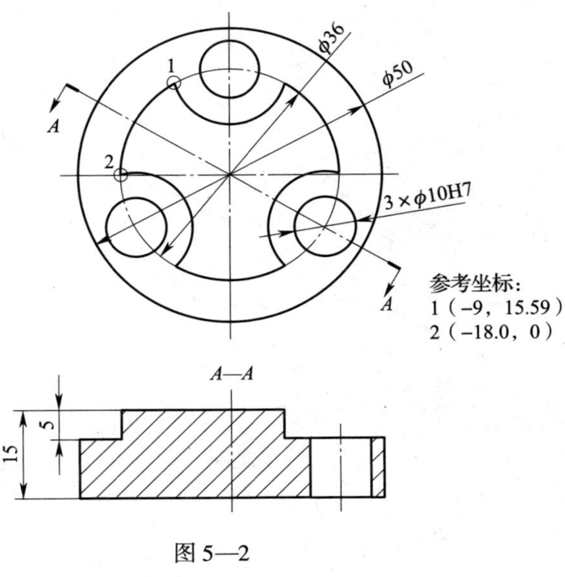

图 5—2

3．试用钻孔循环编写如图 5—3 所示轮廓与孔加工程序。

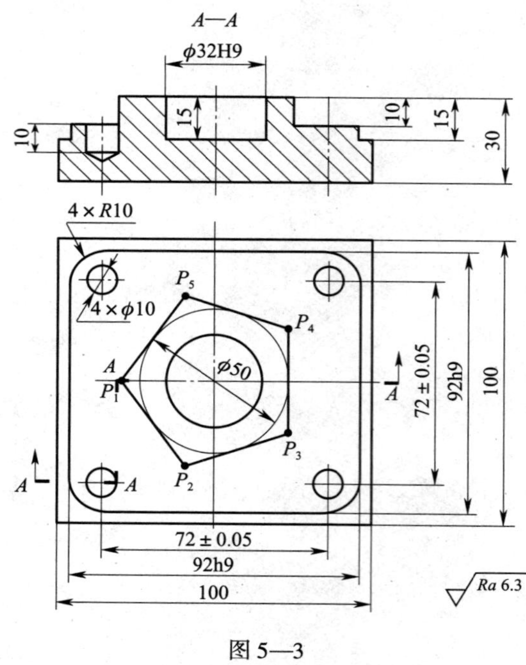

图 5—3

第三节 SINUMERIK 828D系统数控铣床/加工中心操作

一、填空题

1. SINUMERIK 828D 系统主要由__________面板和__________面板两部分组成，数控系统面板主要由__________区和__________区组成。

2. 机床坐标系采用__________坐标系，拇指方向为________轴的正方向，食指方向为________轴的正方向，中指方向为________轴的正方向。

3. 软键 POSITION 指__________，PROGRAM 指__________，OFFSET PARAM 指__________，PROGRAM MANAGER 指__________，SYSTEM ALARM 指__________。

4. 软键 MACHINE 指__________，ALARM 指__________。

5. 当机床出现紧急情况而按下________按钮时，在屏幕上出现______字样，机床报警指示灯亮，需________旋转急停按钮让其弹开后再按________键可以解除报警。

6. 在数控机床显示机床位置画面有三个坐标系存在，即________和________、________。

二、选择题

1. 在工件上既有平面需要加工，又有孔需要加工时，可采用（　　）。
   A. 粗铣平面—钻孔—精铣平面　　B. 先加工平面后加工孔
   C. 先加工孔后加工平面　　D. 都可以

2. MDA 方式为（　　）数据输入方式。
   A. 自动　　B. 一般　　C. 半自动　　D. 手动

3. 程序段前加符号“/”表示（　　）。
   A. 程序停止　　B. 程序暂停　　C. 程序跳过　　D. 单段运行

4. 机床操作面板上用于程序字删除的键是（　　）。
   A. INSERT　　B. ALT　　C. DEL　　D. EOB

5. 在 SINUMERIK 828D 系统中，用于程序编辑操作的按钮是（　　）。
   A. PROGRAM　　B. MDA　　C. OFFSET　　D. JOG

6. 按下机床控制面板上的复位键（RESET）按钮，不能完成下列工作中的（　　）。
   A. 机床停止自动运行　　B. 设置程序指针回到开头
   C. 消除部分机床报警　　D. 解除硬限位超程

7. Z 向不能进行垂直下刀的刀具是（　　）。
   A. 键槽铣刀　　B. 不过中心立铣刀
   C. 钻铣刀　　D. 过中心立铣刀

8. 中小型数控机床的重复定位精度可达（　　）mm。
   A. 0.005　　B. 0.010　　C. 0.001　　D. 0.002

9. 机床坐标系判定方法是采用右手直角笛卡儿坐标系，将增大工件和刀具间距离的方向确定为（　　）。

A. 负方向　　B. 正方向　　C. 任意方向　　D. 条件不足不确定

10. 为了保障人身安全，在正常情况下，电气设备的安全电压规定为（　　）V。

A. 42　　B. 36　　C. 24　　D. 12

11. 加工较大平面的工件时，一般采用（　　）。

A. 立铣刀　　B. 端铣刀　　C. 圆柱铣刀　　D. 镗刀

12. SINUMERIK 828D 系统面板上用于程序管理器的功能按键是（　　）。

A. PROGRAM　　B. PROGRAM MANAGER

C. MACHINE　　D. OFFSET

13. 在维护项目中，（　　）是半年必须检查的项目。

A. 液压系统的压力　　B. 液压系统液压油

C. 液压系统油标　　D. 液压系统过滤器

三、判断题

1. 半精加工阶段的任务是切除大部分的加工余量，提高生产效率。（　　）

2. 程序的校验可直接在 CRT 显示屏上进行。（　　）

3. 数控程序的每一个程序段中 G 代码可出现多个，而 M 代码只能出现一个。（　　）

4. 数控铣床用平口钳直接安装在工作台上，不需要找正。（　　）

5. 在 MDI 方式下输入 T12L6，然后按循环启动按钮，即可将刀库中的 12 号刀装入主轴。（　　）

6. 在手动和自动运行中，一旦发现数控机床出现异常情况，应立即使用紧急停止功能。（　　）

7. 在自动运行状态下，按下循环启动停止键，机床的主轴转速功能及冷却、润滑将被停止执行。（　　）

8. 机床参考点是数控机床上固有的机械原点，机床操作人员无法更改该点。（　　）

9. 为了防止机器、设备内部的气体或液体向外渗漏，常采用的密封形式有垫片密封、密封圈密封、填料函密封等。（　　）

10. 在程序自动运行过程中，严禁使用主轴倍率调整旋钮来调节主轴转速，以防损坏变速齿轮。（　　）

11. 在半闭环数控系统中，反馈信号全部取自机床的最终运动部件。（　　）

12. 程序中不能将 F 值设为零使进给停止，但可用机床面板上的进给速度倍率旋钮将进给速度调成 0，从而使进给停止。（　　）

13. 通常情况下，手摇脉冲发生器逆时针转动方向为正向进给方向，顺时针转动方向为负向进给方向。（　　）

14. 数控机床坐标系中的 *X*、*Y*、*Z* 轴由右手笛卡儿坐标系确定。（　　）

15. 对于 SIEMENS 系统的子程序，通常用 M17 或 RESET 作为子程序结束符。（　　）

16. 当执行指令“G74 Z0;”时，刀具将从当前点位置直接返回 *Z* 向参考点。（　　）

17. 在机床面板 Jog 模式下可进行手动切削进给、手动快速进给、程序编辑、对刀操作

等。（ ）

18. 数控机床在进行螺纹加工时，不要改变其转速和进给速度，否则将会出现乱牙等现象。（ ）

19. 机床面板上的“手动换刀”功能可以手动转动刀库，实现换刀功能。（ ）

20. SIEMENS 系统在自动运行的检视状态下显示的实时工件坐标值是刀具中心而非工件轮廓轨迹的坐标。（ ）

四、编程题

1. 某一零件的加工程序如下，要求画出加工轨迹并标注节点的字母。

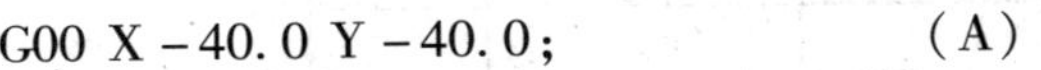

```
G00 X-40.0 Y-40.0;                    (A)
G01 Z-0.5 F80 S800;
G41 G01 X-30.0 Y-30.0 D01;            (B)
G01 Y20.0;                            (C)
    X-10.0 Y30.0;                     (D)
G01 X30.0;                            (E)
    Y20.0;                            (F)
G02 X25.0 Y15.0 I-5.0;                (G)
G01 X-10.0;                           (H)
G03 X0.0 Y5.0 J-10.0;                 (I)
G01 Y0.0;                             (J)
G03 X15.0 Y-25.89 I30.0;              (K)
G02 X30.0 Y0.0 I-15.0 J25.98;         (L)
G40 G01 X-40.0 Y-40.0;                (M)
```

2. 加工如图 5—4 所示工件，材料为 45 钢，已知毛坯尺寸 90 mm×90 mm×35 mm，试编写其数控铣加工程序，要求如下：

（1）列出所用刀具和加工顺序。

（2）编制出加工程序。

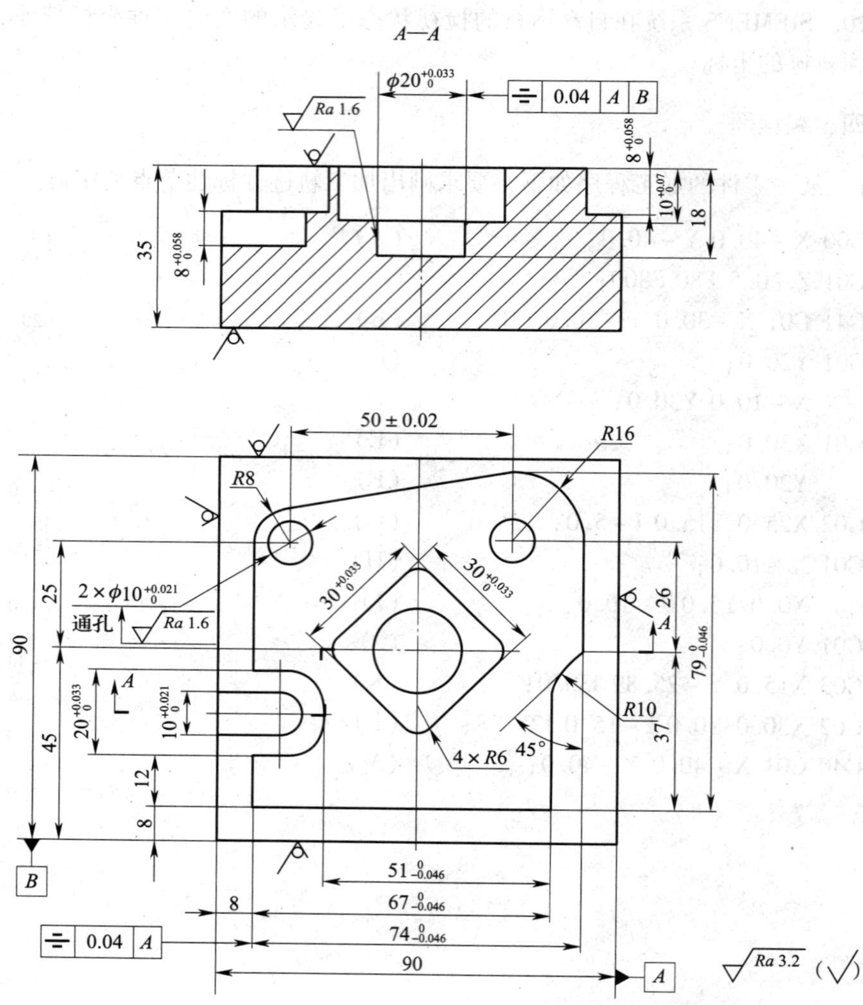

图 5—4

3．加工如图 5—5 所示工件，材料为 45 钢，已知毛坯尺寸 80 mm × 80 mm × 25 mm，试编写其数控铣加工程序，要求如下：

（1）列出所用刀具和加工顺序。

（2）编制出加工程序。

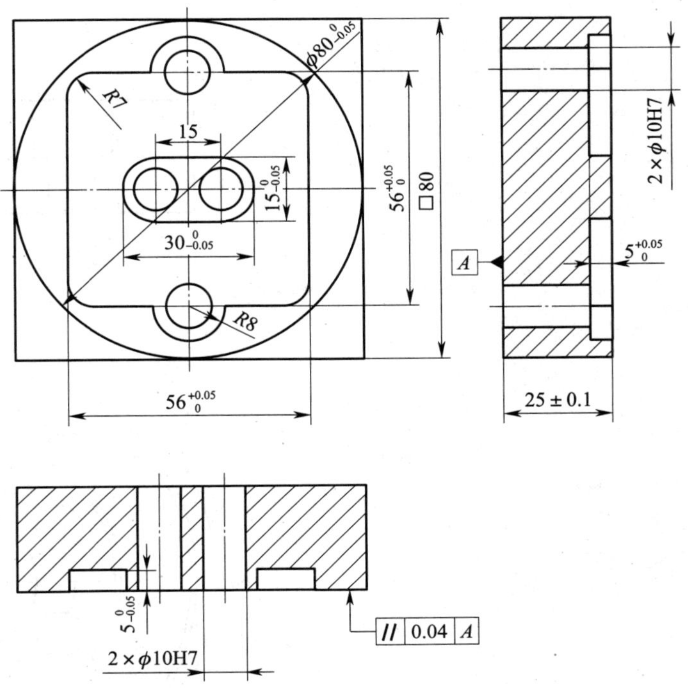

图 5—5

4．加工如图 5—6 所示工件，材料为 45 钢，已知毛坯尺寸 ϕ80 mm × 20 mm，试编写其数控铣加工程序，要求如下：

（1）列出所用刀具和加工顺序。

（2）编制出加工程序。

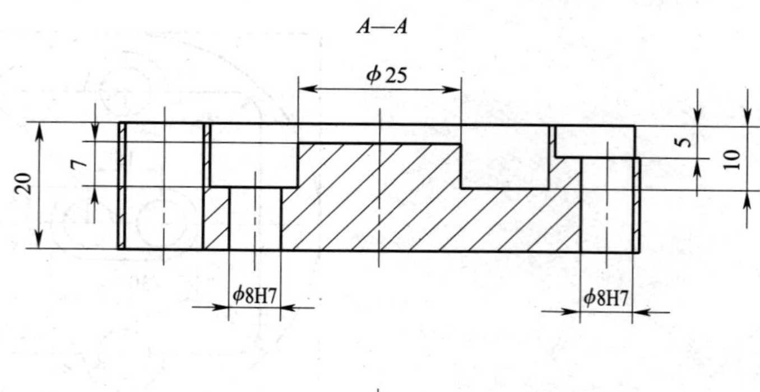

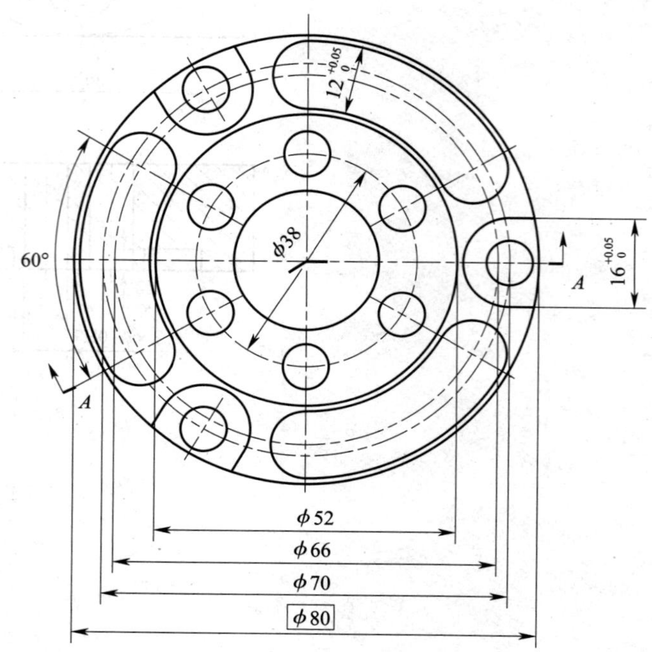

图 5—6

5. 加工如图 5—7 所示工件，材料为 45 钢，已知毛坯尺寸 80 mm×80 mm×25 mm，试编写其数控铣加工程序，要求如下：

（1）列出所用刀具和加工顺序。

（2）编制出加工程序。

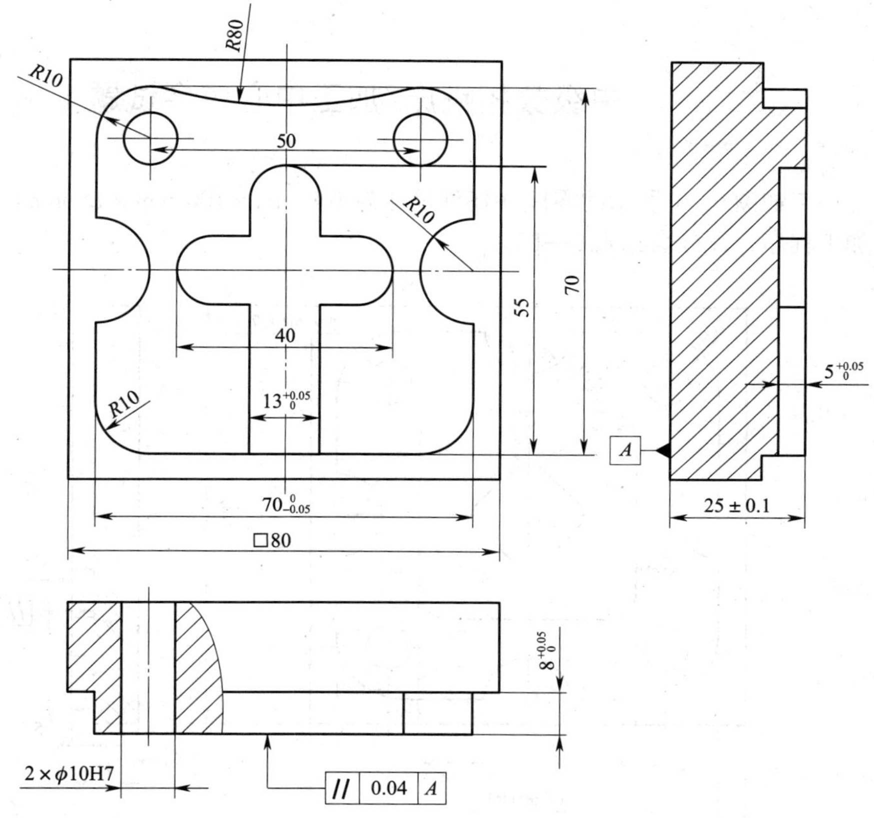

图 5—7

第六章　中级职业技能鉴定应会试题

中级数控铣床/加工中心应会试题 1

加工如图 6—1 所示的零件（坯件尺寸为 100 mm × 100 mm × 15 mm），试编写其数控铣床加工程序，评分表见表 6—1。

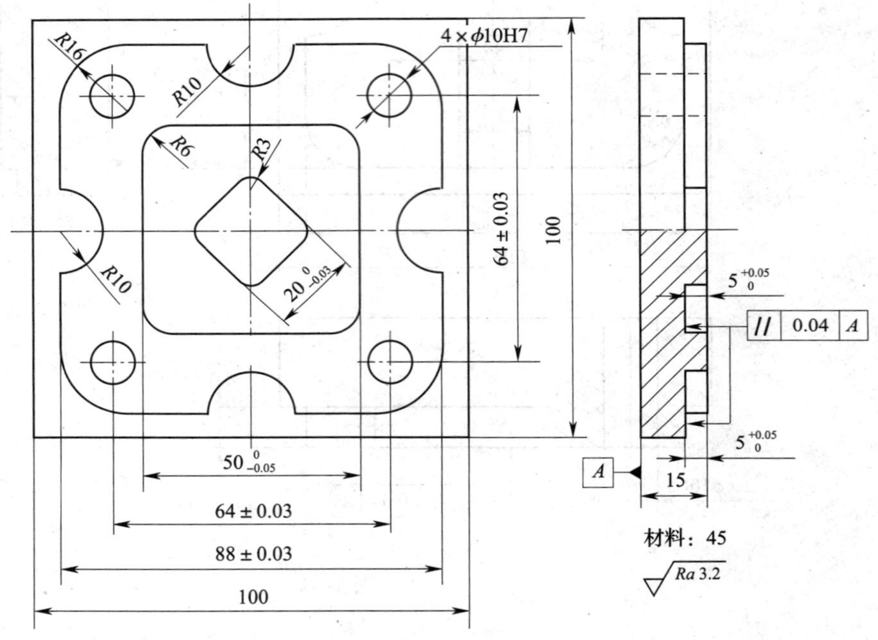

技术要求

1. 不允许使用砂布或锉刀修整表面。
2. 未注尺寸公差按IT14标准执行。

图 6—1

加工程序为：

表 6—1　　中级数控铣床/加工中心应会试题 1 评分表

<table>
<tr><td colspan="2">工件编号</td><td colspan="2"></td><td colspan="2">总得分</td><td colspan="2"></td></tr>
<tr><td colspan="2">项目与配分</td><td>序号</td><td>技术要求</td><td>配分</td><td>评分标准</td><td>检测记录</td><td>得分</td></tr>
<tr><td rowspan="15">工件加工
（80%）</td><td rowspan="5">外轮廓
（25）</td><td>1</td><td>88 ± 0.03</td><td>6</td><td>超差 0.01 扣 1 分</td><td></td><td></td></tr>
<tr><td>2</td><td>$5^{+0.05}_{0}$</td><td>5</td><td>超差 0.02 扣 1 分</td><td></td><td></td></tr>
<tr><td>3</td><td>平行度 0.04</td><td>6</td><td>超差 0.01 扣 1 分</td><td></td><td></td></tr>
<tr><td>4</td><td>$R10$</td><td>4</td><td>每错一处扣 2 分</td><td></td><td></td></tr>
<tr><td>5</td><td>$R16$</td><td>4</td><td>每错一处扣 2 分</td><td></td><td></td></tr>
<tr><td rowspan="5">内轮廓
（30）</td><td>6</td><td>$50^{0}_{-0.05}$</td><td>6</td><td>超差 0.01 扣 1 分</td><td></td><td></td></tr>
<tr><td>7</td><td>$5^{+0.05}_{0}$</td><td>5×2</td><td>超差 0.02 扣 1 分</td><td></td><td></td></tr>
<tr><td>8</td><td>$20^{0}_{-0.03}$</td><td>6</td><td>超差 0.01 扣 1 分</td><td></td><td></td></tr>
<tr><td>9</td><td>$R3$</td><td>4</td><td>每错一处扣 2 分</td><td></td><td></td></tr>
<tr><td>10</td><td>$R6$</td><td>4</td><td>每错一处扣 2 分</td><td></td><td></td></tr>
<tr><td rowspan="2">内孔
（14）</td><td>11</td><td>$\phi10H7$</td><td>2×4</td><td>每超差一处扣 4 分</td><td></td><td></td></tr>
<tr><td>12</td><td>64 ± 0.03</td><td>3×2</td><td>每错一处扣 2 分</td><td></td><td></td></tr>
<tr><td rowspan="3">其他
（11）</td><td>13</td><td>$Ra3.2$</td><td>6</td><td>每错一处扣 2 分</td><td></td><td></td></tr>
<tr><td>14</td><td>工件按时完成</td><td>2</td><td>未按时完成全扣</td><td></td><td></td></tr>
<tr><td>15</td><td>工件无缺陷</td><td>3</td><td>有缺陷全扣</td><td></td><td></td></tr>
<tr><td colspan="2" rowspan="2">程序与工艺
（10%）</td><td>16</td><td>程序正确合理</td><td rowspan="2">10</td><td>每错一处扣 2 分</td><td></td><td></td></tr>
<tr><td>17</td><td>加工工序卡完整</td><td>不合理每处扣 2 分</td><td></td><td></td></tr>
<tr><td colspan="2" rowspan="2">机床操作
（10%）</td><td>18</td><td>机床操作规范</td><td>5</td><td>出错一次扣 2 分</td><td></td><td></td></tr>
<tr><td>19</td><td>工件、刀具装夹正确</td><td>5</td><td>出错一次扣 2 分</td><td></td><td></td></tr>
<tr><td colspan="2" rowspan="2">安全文明生产
（倒扣分）</td><td>20</td><td>安全操作</td><td>倒扣</td><td rowspan="2">出现安全事故则停止操作，或酌扣 5～30 分</td><td></td><td></td></tr>
<tr><td>21</td><td>机床整理</td><td>倒扣</td><td></td><td></td></tr>
</table>

中级数控铣床/加工中心应会试题 2

加工如图 6—2 所示的零件（坯件尺寸为 120 mm × 70 mm × 20 mm），试编写其数控铣床加工程序，评分表见表 6—2。

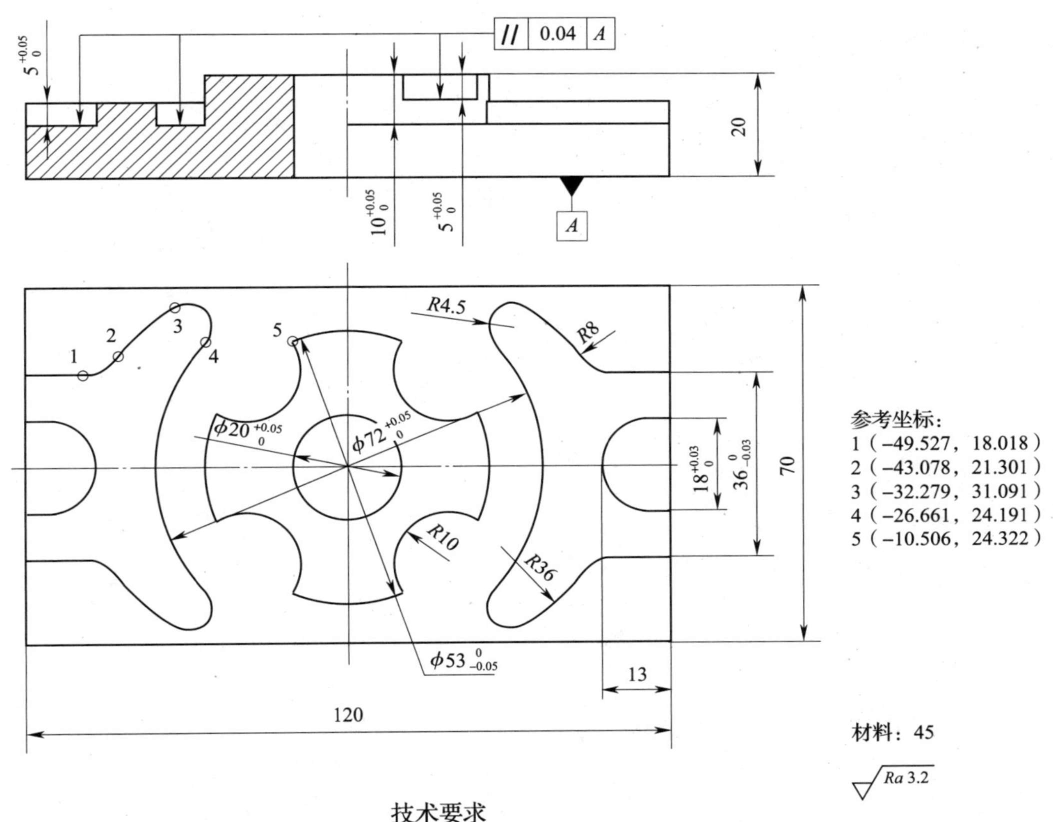

图 6—2

加工程序为：

表 6—2　　　　　　　　　中级数控铣床/加工中心应会试题 2 评分表

工件编号				总得分			
项目与配分		序号	技术要求	配分	评分标准	检测记录	得分
工件加工（80%）	外轮廓（62）	1	$\phi 72^{+0.05}_{0}$	6	超差 0.01 扣 1 分		
		2	$\phi 53^{0}_{-0.05}$	6	超差 0.01 扣 1 分		
		3	$18^{+0.03}_{0}$	6	超差 0.01 扣 1 分		
		4	$36^{0}_{-0.03}$	6	超差 0.01 扣 1 分		
		5	$10^{+0.05}_{0}$	5	超差 0.02 扣 1 分		
		6	$5^{+0.05}_{0}$（2 处）	5×2	超差 0.02 扣 1 分		
		7	平行度 0.04	5	超差 0.01 扣 1 分		
		8	*R*4.5	4	每错一处扣 2 分		
		9	*R*8	4	每错一处扣 2 分		
		10	*R*10	4	每错一处扣 2 分		
		11	*R*36	4	每错一处扣 2 分		
		12	13	2	每错一处扣 2 分		
	内孔（8）	13	$\phi 20^{+0.05}_{0}$	8	超差 0.01 扣 2 分		
	其他（10）	14	*Ra*3.2	5	每错一处扣 2 分		
		15	工件按时完成	2	未按时完成全扣		
		16	工件无缺陷	3	有缺陷全扣		
程序与工艺（10%）		17	程序正确合理	10	每错一处扣 2 分		
		18	加工工序卡完整		不合理每处扣 2 分		
机床操作（10%）		19	机床操作规范	5	出错一次扣 2 分		
		20	工件、刀具装夹正确	5	出错一次扣 2 分		
安全文明生产（倒扣分）		21	安全操作	倒扣	出现安全事故则停止操作，或酌扣 5～30 分		
		22	机床整理	倒扣			

中级数控铣床/加工中心应会试题 3

加工如图 6—3 所示的零件（坯件尺寸为 ϕ80 mm × 20 mm），试编写其数控铣床加工程序，评分表见表 6—3。

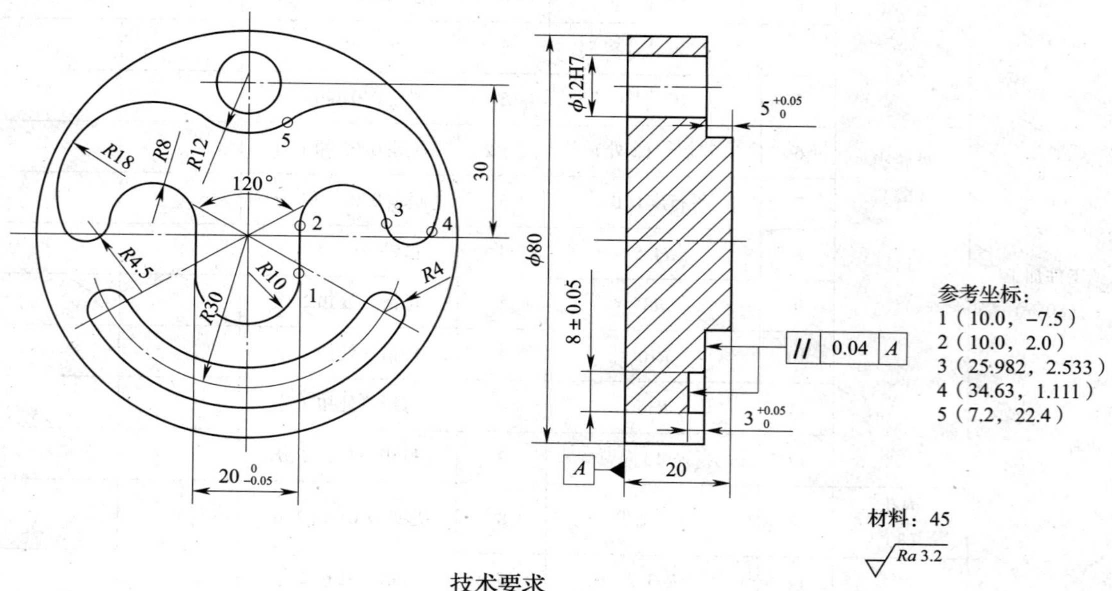

技术要求

1. 不允许使用砂布或锉刀修整表面。
2. 未注尺寸公差按IT14标准执行。

图 6—3

加工程序为：

表 6—3　　中级数控铣床/加工中心应会试题 3 评分表

工件编号				总得分			
项目与配分		序号	技术要求	配分	评分标准	检测记录	得分
工件加工（80%）	外轮廓（38）	1	$20_{-0.05}^{0}$	8	超差 0.01 扣 1 分		
		2	$5_{0}^{+0.05}$	6	超差 0.02 扣 1 分		
		3	平行度 0.04	8	超差 0.01 扣 1 分		
		4	$R4.5$	4	每错一处扣 2 分		
		5	$R8$	4	每错一处扣 2 分		
		6	$R10$	2	超差全扣		
		7	$R12$	2	每错一处扣 2 分		
		8	$R18$	4	每错一处扣 2 分		
	内轮廓（21）	9	8 ±0.05	6	超差 0.01 扣 1 分		
		10	$3_{0}^{+0.05}$	6	超差 0.02 扣 1 分		
		11	$R4$	4	每错一处扣 2 分		
		12	120°	3	超差全扣		
		13	$R30$	2	超差全扣		
	内孔（10）	14	$\phi12H7$	8	超差全扣		
		15	30	2	超差全扣		
	其他（11）	16	$Ra3.2$	6	每错一处扣 2 分		
		17	工件按时完成	2	未按时完成全扣		
		18	工件无缺陷	3	有缺陷全扣		
程序与工艺（10%）		19	程序正确合理	10	每错一处扣 2 分		
		20	加工工序卡完整		不合理每处扣 2 分		
机床操作（10%）		21	机床操作规范	5	出错一次扣 2 分		
		22	工件、刀具装夹正确	5	出错一次扣 2 分		
安全文明生产（倒扣分）		23	安全操作	倒扣	出现安全事故则停止操作，或酌扣 5～30 分		
		24	机床整理	倒扣			

中级数控铣床/加工中心应会试题 4

加工如图 6—4 所示的零件（坯件尺寸为 100 mm × 100 mm × 20 mm），试编写其数控铣床加工程序，评分表见表 6—4。

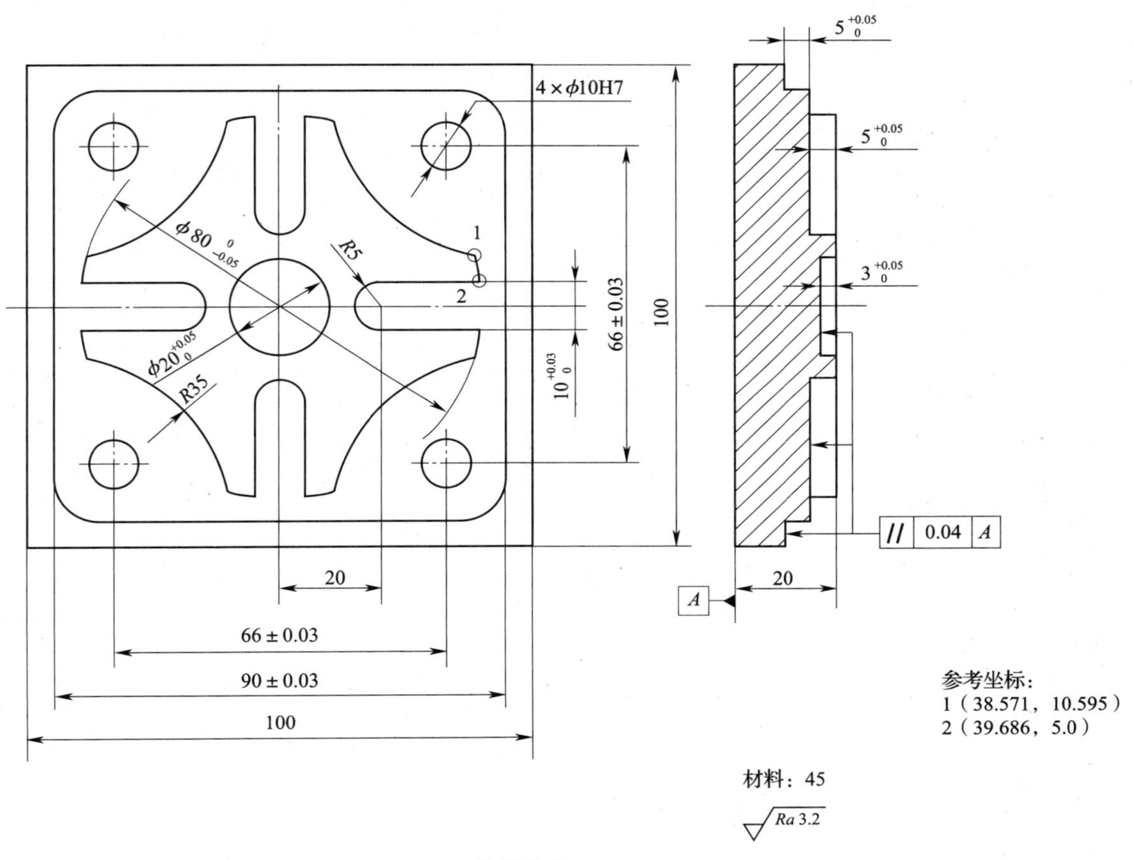

技术要求

1. 不允许使用砂布或锉刀修整表面。
2. 未注尺寸公差按IT14标准执行。

图 6—4

加工程序为：

表 6—4　　　　　　　　中级数控铣床/加工中心应会试题 4 评分表

<table>
<tr><td colspan="2">工件编号</td><td colspan="2"></td><td colspan="2">总得分</td><td colspan="2"></td></tr>
<tr><td colspan="2">项目与配分</td><td>序号</td><td>技术要求</td><td>配分</td><td>评分标准</td><td>检测记录</td><td>得分</td></tr>
<tr><td rowspan="15">工件加工
（80%）</td><td rowspan="8">外轮廓
（38）</td><td>1</td><td>90 ±0. 03</td><td>6</td><td>超差 0. 01 扣 1 分</td><td></td><td></td></tr>
<tr><td>2</td><td>$\phi80_{-0.05}^{0}$</td><td>6</td><td>超差 0. 01 扣 1 分</td><td></td><td></td></tr>
<tr><td>3</td><td>$10_{0}^{+0.03}$</td><td>6</td><td>超差 0. 01 扣 1 分</td><td></td><td></td></tr>
<tr><td>4</td><td>$5_{0}^{+0.05}$</td><td>2. 5 ×2</td><td>超差 0. 02 扣 1 分</td><td></td><td></td></tr>
<tr><td>5</td><td>平行度 0. 04</td><td>6</td><td>超差 0. 01 扣 1 分</td><td></td><td></td></tr>
<tr><td>6</td><td>*R*5</td><td>4</td><td>每错一处扣 2 分</td><td></td><td></td></tr>
<tr><td>7</td><td>*R*35</td><td>4</td><td>每错一处扣 2 分</td><td></td><td></td></tr>
<tr><td>8</td><td>20</td><td>1</td><td>超差全扣</td><td></td><td></td></tr>
<tr><td rowspan="2">内轮廓
（11）</td><td>9</td><td>$\phi20_{0}^{+0.05}$</td><td>6</td><td>超差 0. 01 扣 1 分</td><td></td><td></td></tr>
<tr><td>10</td><td>$3_{0}^{+0.05}$</td><td>5</td><td>超差 0. 02 扣 1 分</td><td></td><td></td></tr>
<tr><td rowspan="2">内孔
（20）</td><td>11</td><td>ϕ10H7</td><td>4 ×4</td><td>超差全扣</td><td></td><td></td></tr>
<tr><td>12</td><td>66 ±0. 03</td><td>2 ×2</td><td>超差 0. 01 扣 1 分</td><td></td><td></td></tr>
<tr><td rowspan="3">其他
（11）</td><td>13</td><td>*Ra*3. 2</td><td>6</td><td>每错一处扣 2 分</td><td></td><td></td></tr>
<tr><td>14</td><td>工件按时完成</td><td>2</td><td>未按时完成全扣</td><td></td><td></td></tr>
<tr><td>15</td><td>工件无缺陷</td><td>3</td><td>有缺陷全扣</td><td></td><td></td></tr>
<tr><td colspan="2" rowspan="2">程序与工艺
（10%）</td><td>16</td><td>程序正确合理</td><td rowspan="2">10</td><td>每错一处扣 2 分</td><td></td><td></td></tr>
<tr><td>17</td><td>加工工序卡完整</td><td>不合理每处扣 2 分</td><td></td><td></td></tr>
<tr><td colspan="2" rowspan="2">机床操作
（10%）</td><td>18</td><td>机床操作规范</td><td>5</td><td>出错一次扣 2 分</td><td></td><td></td></tr>
<tr><td>19</td><td>工件、刀具装夹正确</td><td>5</td><td>出错一次扣 2 分</td><td></td><td></td></tr>
<tr><td colspan="2" rowspan="2">安全文明生产
（倒扣分）</td><td>20</td><td>安全操作</td><td>倒扣</td><td rowspan="2">出现安全事故则停止操作，或酌扣 5 ~30 分</td><td></td><td></td></tr>
<tr><td>21</td><td>机床整理</td><td>倒扣</td><td></td><td></td></tr>
</table>

中级数控铣床/加工中心应会试题 5

加工如图 6—5 所示的零件（坯件尺寸为 160 mm × 120 mm × 20 mm），试编写其数控铣床加工程序，评分表见表 6—5。

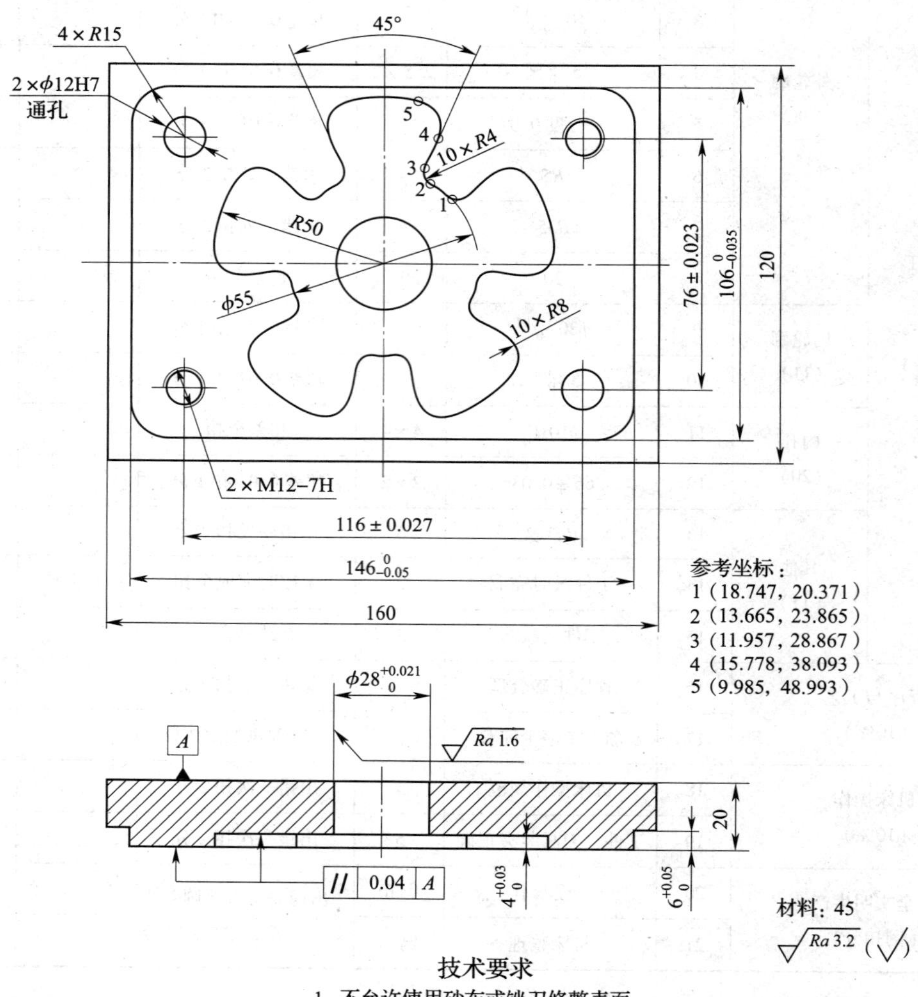

技术要求

1. 不允许使用砂布或锉刀修整表面。
2. 未注尺寸公差按IT14标准执行。

图 6—5

加工程序为：

表 6—5　　中级数控铣床/加工中心应会试题 5 评分表

工件编号				总得分			
项目与配分		序号	技术要求	配分	评分标准	检测记录	得分
工件加工（80%）	外轮廓（28）	1	$146_{-0.05}^{0}$	8	超差 0.01 扣 1 分		
		2	$106_{-0.035}^{0}$	8	超差 0.01 扣 1 分		
		3	$6_{0}^{+0.05}$	5	超差 0.02 扣 1 分		
		4	平行度 0.04	5	超差 0.01 扣 1 分		
		5	*R*15	2	每错一处扣 1 分		
	内轮廓（15）	6	$\phi 55$	2	超差全扣		
		7	$4_{0}^{+0.03}$	5	超差 0.02 扣 1 分		
		8	*R*4	2.5	每错一处扣 0.5 分		
		9	*R*8	2.5	每错一处扣 0.5 分		
		10	*R*50	2	每错一处扣 0.5 分		
		11	45°	1	超差全扣		
	内孔（27）	12	$\phi 28_{0}^{+0.021}$	7	超差 0.01 扣 1 分		
		13	M12－7H	4×2	每错一处扣 4 分		
		14	ϕ12H7	4×2	每错一处扣 4 分		
		15	76±0.023	2	超差 0.01 扣 1 分		
		16	116±0.027	2	超差 0.01 扣 1 分		
	其他（10）	17	*Ra*3.2	5	每错一处扣 2 分		
		18	工件按时完成	2	未按时完成全扣		
		19	工件无缺陷	3	有缺陷全扣		
程序与工艺（10%）		20	程序正确合理	10	每错一处扣 2 分		
		21	加工工序卡完整		不合理每处扣 2 分		
机床操作（10%）		22	机床操作规范	5	出错一次扣 2 分		
		23	工件、刀具装夹正确	5	出错一次扣 2 分		
安全文明生产（倒扣分）		24	安全操作	倒扣	出现安全事故则停止操作，或酌扣 5～30 分		
		25	机床整理	倒扣			

中级数控铣床/加工中心应会试题6

加工如图6—6所示的零件（坯件尺寸为 ϕ80 mm × 20 mm），试编写其数控铣床加工程序，评分表见表6—6。

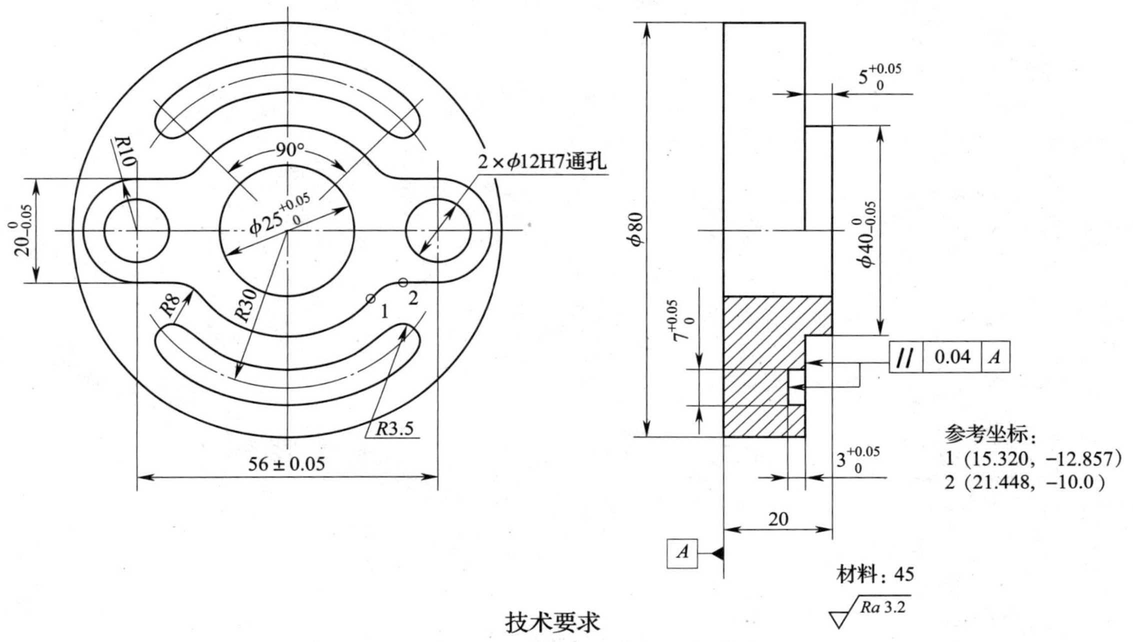

图6—6

加工程序为：

表 6—6　　中级数控铣床/加工中心应会试题 6 评分表

工件编号				总得分		
项目与配分		序号	技术要求	配分	评分标准	检测记录	得分
工件加工（80%）	外轮廓（35）	1	$\phi 40_{-0.05}^{0}$	8	超差 0.01 扣 1 分		
		2	$20_{-0.05}^{0}$	8	超差 0.01 扣 1 分		
		3	$5_{0}^{+0.05}$	5	超差 0.02 扣 1 分		
		4	平行度 0.04	8	超差 0.01 扣 1 分		
		5	$R8$	4	每错一处扣 2 分		
		6	$R10$	2	每错一处扣 2 分		
	内轮廓（25）	7	$7_{0}^{+0.05}$	6	超差 0.01 扣 1 分		
		8	$3_{0}^{+0.05}$	5	超差 0.02 扣 1 分		
		9	$\phi 25_{0}^{+0.05}$	6	超差 0.01 扣 1 分		
		10	90°	2	超差全扣		
		11	$R3.5$	2	每错一处扣 2 分		
		12	$R30$	4	超差全扣		
	内孔（10）	13	$\phi 12H7$	4×2	超差全扣		
		14	56±0.05	2	超差 0.01 扣 1 分		
	其他（10）	15	$Ra3.2$	5	每错一处扣 2 分		
		16	工件按时完成	2	未按时完成全扣		
		17	工件无缺陷	3	有缺陷全扣		
程序与工艺（10%）		18	程序正确合理	10	每错一处扣 2 分		
		19	加工工序卡完整		不合理每处扣 2 分		
机床操作（10%）		20	机床操作规范	5	出错一次扣 2 分		
		21	工件、刀具装夹正确	5	出错一次扣 2 分		
安全文明生产（倒扣分）		22	安全操作	倒扣	出现安全事故则停止操作，或酌扣 5～30 分		
		23	机床整理	倒扣			

中级数控铣床/加工中心应会试题 7

加工如图 6—7 所示的零件（坯件尺寸为 150 mm × 120 mm × 25 mm），试编写其数控铣床加工程序，评分表见表 6—7。

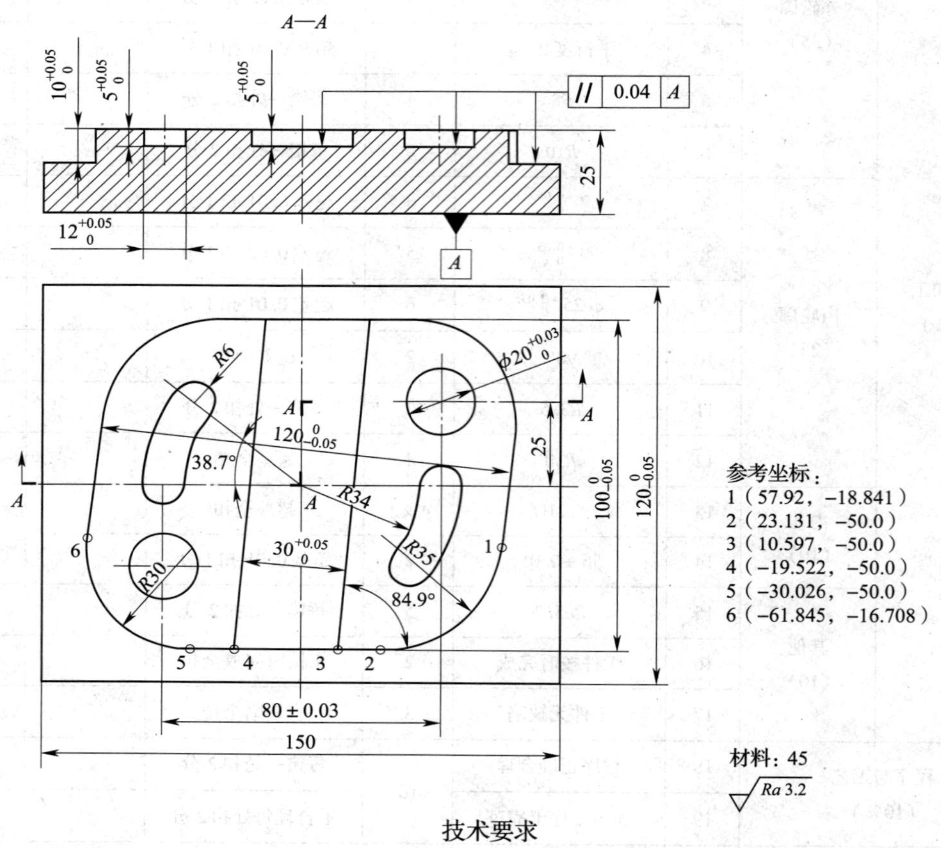

图 6—7

加工程序为：

表 6—7　　中级数控铣床/加工中心应会试题 7 评分表

工件编号				总得分			
项目与配分		序号	技术要求	配分	评分标准	检测记录	得分
工件加工（80%）	外轮廓（30）	1	$120_{-0.05}^{0}$	6	超差 0.01 扣 1 分		
		2	$100_{-0.05}^{0}$	6	超差 0.01 扣 1 分		
		3	$30_{0}^{+0.05}$	6	超差 0.01 扣 1 分		
		4	$10_{0}^{+0.05}$	5	超差 0.02 扣 1 分		
		5	平行度 0.04	5	超差 0.01 扣 1 分		
		6	*R*30	1	每错一处扣 1 分		
		7	*R*35	1	每错一处扣 1 分		
	内轮廓（21）	8	$12_{0}^{+0.05}$	5	超差 0.01 扣 1 分		
		9	$5_{0}^{+0.05}$	5×2	超差 0.02 扣 1 分		
		10	*R*6	2	每错一处扣 1 分		
		11	*R*34	2	每错一处扣 1 分		
		12	38.7°	1	超差全扣		
		13	84.9°	1	超差全扣		
	内孔（19）	14	$\phi20_{0}^{+0.03}$	2×6	超差 0.01 扣 1 分		
		15	80±0.03	5	超差 0.01 扣 1 分		
		16	25	2	超差全扣		
	其他（10）	17	*Ra*3.2	5	每错一处扣 2 分		
		18	工件按时完成	2	未按时完成全扣		
		19	工件无缺陷	3	有缺陷全扣		
程序与工艺（10%）		20	程序正确合理	10	每错一处扣 2 分		
		21	加工工序卡完整		不合理每处扣 2 分		
机床操作（10%）		22	机床操作规范	5	出错一次扣 2 分		
		23	工件、刀具装夹正确	5	出错一次扣 2 分		
安全文明生产（倒扣分）		24	安全操作	倒扣	出现安全事故则停止操作，或酌扣 5～30 分		
		25	机床整理	倒扣			

中级数控铣床/加工中心应会试题 8

加工如图 6—8 所示的零件（坯件尺寸为 ϕ80 mm × 20 mm），试编写其数控铣床加工程序，评分表见表 6—8。

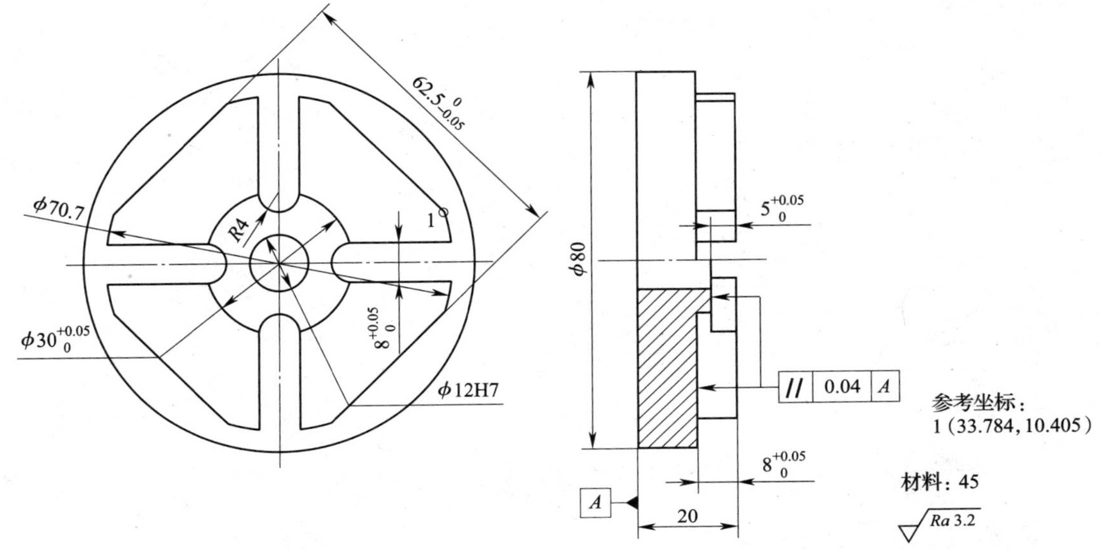

技术要求

1. 不允许使用砂布或锉刀修整表面。
2. 未注尺寸公差按IT14标准执行。

图 6—8

加工程序为：

表 6—8　　　　中级数控铣床/加工中心应会试题 8 评分表

<table>
<tr><td colspan="2">工件编号</td><td colspan="2"></td><td colspan="2">总得分</td><td colspan="2"></td></tr>
<tr><td colspan="2">项目与配分</td><td>序号</td><td>技术要求</td><td>配分</td><td>评分标准</td><td>检测记录</td><td>得分</td></tr>
<tr><td rowspan="12">工件加工
(80%)</td><td rowspan="6">外轮廓
(49)</td><td>1</td><td>$62.5_{-0.05}^{0}$</td><td>8×2</td><td>超差 0.01 扣 1 分</td><td></td><td></td></tr>
<tr><td>2</td><td>宽度 $8_{0}^{+0.05}$</td><td>4×4</td><td>超差 0.01 扣 1 分</td><td></td><td></td></tr>
<tr><td>3</td><td>深度 $8_{0}^{+0.05}$</td><td>5</td><td>超差 0.02 扣 1 分</td><td></td><td></td></tr>
<tr><td>4</td><td>平行度 0.04</td><td>6</td><td>超差 0.01 扣 1 分</td><td></td><td></td></tr>
<tr><td>5</td><td>$\phi70.7$</td><td>2</td><td>超差全扣</td><td></td><td></td></tr>
<tr><td>6</td><td>$R4$</td><td>4</td><td>超差全扣</td><td></td><td></td></tr>
<tr><td rowspan="2">内轮廓
(11)</td><td>7</td><td>$\phi30_{0}^{+0.05}$</td><td>6</td><td>超差 0.01 扣 1 分</td><td></td><td></td></tr>
<tr><td>8</td><td>$5_{0}^{+0.05}$</td><td>5</td><td>超差 0.02 扣 1 分</td><td></td><td></td></tr>
<tr><td>内孔
(10)</td><td>9</td><td>$\phi12H7$</td><td>10</td><td>超差全扣</td><td></td><td></td></tr>
<tr><td rowspan="3">其他
(10)</td><td>10</td><td>$Ra3.2$</td><td>5</td><td>每错一处扣 2 分</td><td></td><td></td></tr>
<tr><td>11</td><td>工件按时完成</td><td>2</td><td>未按时完成全扣</td><td></td><td></td></tr>
<tr><td>12</td><td>工件无缺陷</td><td>3</td><td>有缺陷全扣</td><td></td><td></td></tr>
<tr><td colspan="2" rowspan="2">程序与工艺
(10%)</td><td>13</td><td>程序正确合理</td><td rowspan="2">10</td><td>每错一处扣 2 分</td><td></td><td></td></tr>
<tr><td>14</td><td>加工工序卡完整</td><td>不合理每处扣 2 分</td><td></td><td></td></tr>
<tr><td colspan="2" rowspan="2">机床操作
(10%)</td><td>15</td><td>机床操作规范</td><td>5</td><td>出错一次扣 2 分</td><td></td><td></td></tr>
<tr><td>16</td><td>工件、刀具装夹正确</td><td>5</td><td>出错一次扣 2 分</td><td></td><td></td></tr>
<tr><td colspan="2" rowspan="2">安全文明生产
(倒扣分)</td><td>17</td><td>安全操作</td><td>倒扣</td><td rowspan="2">出现安全事故则停止操作，或酌扣 5～30 分</td><td></td><td></td></tr>
<tr><td>18</td><td>机床整理</td><td>倒扣</td><td></td><td></td></tr>
</table>

中级数控铣床/加工中心应会试题 9

加工如图 6—9 所示的零件（坯件尺寸为 60 mm×60 mm×20 mm），试编写其数控铣床加工程序，评分表见表 6—9。

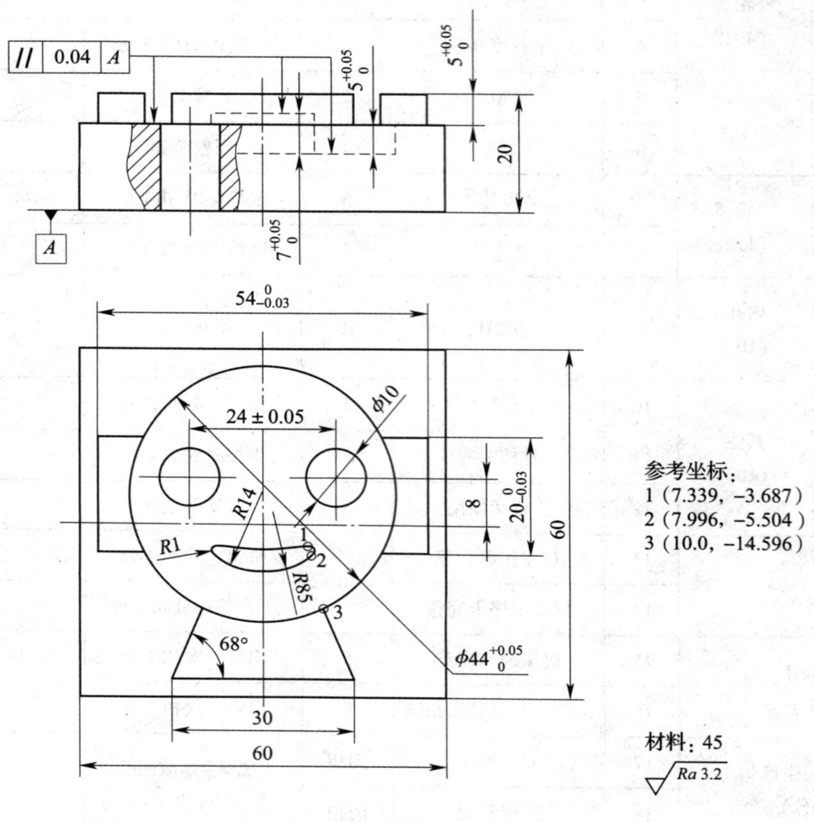

技术要求

1. 不允许使用砂布或锉刀修整表面。
2. 未注尺寸公差按IT14标准执行。

图 6—9

加工程序为：

表 6—9　　中级数控铣床/加工中心应会试题 9 评分表

工件编号				总得分			
项目与配分		序号	技术要求	配分	评分标准	检测记录	得分
工件加工（80%）	外轮廓（31）	1	$54_{-0.03}^{0}$	8	超差 0.01 扣 1 分		
		2	$20_{-0.03}^{0}$	8	超差 0.01 扣 1 分		
		3	$5_{0}^{+0.05}$	5	超差 0.02 扣 1 分		
		4	平行度 0.04	6	超差 0.01 扣 1 分		
		5	30	2	超差全扣		
		6	68°	2	超差全扣		
	内轮廓（26）	7	$\phi 44_{0}^{+0.05}$	8	超差 0.01 扣 1 分		
		8	$5_{0}^{+0.05}$	5	超差 0.02 扣 1 分		
		9	$7_{0}^{+0.05}$	5	超差 0.02 扣 1 分		
		10	$R1$	4	超差全扣		
		11	$R14$	2	超差全扣		
		12	$R85$	2	超差全扣		
	内孔（13）	13	$\phi10$	4×2	每错一处扣 4 分		
		14	24±0.05	4	超差 0.01 扣 1 分		
		15	8	1	超差全扣		
	其他（10）	16	$Ra3.2$	5	每错一处扣 2 分		
		17	工件按时完成	2	未按时完成全扣		
		18	工件无缺陷	3	有缺陷全扣		
程序与工艺（10%）		19	程序正确合理	10	每错一处扣 2 分		
		20	加工工序卡完整		不合理每处扣 2 分		
机床操作（10%）		21	机床操作规范	5	出错一次扣 2 分		
		22	工件、刀具装夹正确	5	出错一次扣 2 分		
安全文明生产（倒扣分）		23	安全操作	倒扣	出现安全事故则停止操作，或酌扣 5～30 分		
		24	机床整理	倒扣			

中级数控铣床/加工中心应会试题 10

加工如图 6—10 所示的零件（坯件尺寸为 146 mm × 106 mm × 20 mm），试编写其数控铣床加工程序，评分表见表 6—10。

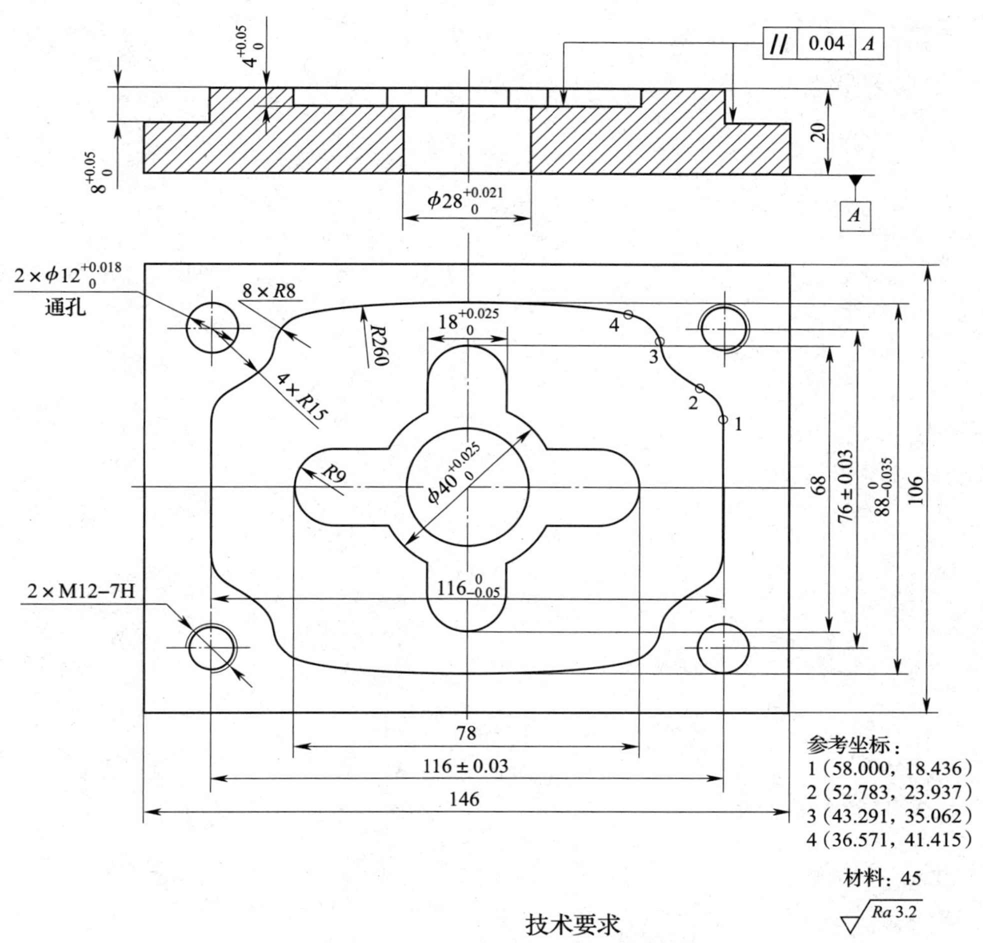

图 6—10

加工程序为：

表 6—10　　中级数控铣床/加工中心应会试题 10 评分表

工件编号				总得分			
项目与配分		序号	技术要求	配分	评分标准	检测记录	得分
工件加工（80%）	外轮廓（27）	1	$116_{-0.05}^{0}$	6	超差 0.01 扣 1 分		
		2	$88_{-0.035}^{0}$	6	超差 0.01 扣 1 分		
		3	$8_{0}^{+0.05}$	5	超差 0.02 扣 1 分		
		4	平行度 0.04	5	超差 0.01 扣 1 分		
		5	$R8$	2	每错一处扣 1 分		
		6	$R15$	2	每错一处扣 1 分		
		7	$R260$	1	每错一处扣 0.5 分		
	内轮廓（21）	8	$\phi40_{0}^{+0.025}$	6	超差 0.01 扣 1 分		
		9	$18_{0}^{+0.025}$	6	超差 0.01 扣 1 分		
		10	$4_{0}^{+0.05}$	5	超差 0.02 扣 1 分		
		11	68	1	超差全扣		
		12	78	1	超差全扣		
		13	$R9$	2	每错一处扣 1 分		
	内孔（22）	14	$\phi28_{0}^{+0.021}$	6	超差 0.01 扣 1 分		
		15	M12 - 7H	3 × 2	每错一处扣 3 分		
		16	$\phi12_{0}^{+0.018}$	3 × 2	每错一处扣 3 分		
		17	76 ± 0.03	2	超差 0.01 扣 1 分		
		18	116 ± 0.03	2	每错一处扣 2 分		
	其他（10）	19	$Ra3.2$	5	每错一处扣 2 分		
		20	工件按时完成	2	未按时完成全扣		
		21	工件无缺陷	3	有缺陷全扣		
程序与工艺（10%）		22	程序正确合理	10	每错一处扣 2 分		
		23	加工工序卡完整		不合理每处扣 2 分		
机床操作（10%）		24	机床操作规范	5	出错一次扣 2 分		
		25	工件、刀具装夹正确	5	出错一次扣 2 分		
安全文明生产（倒扣分）		26	安全操作	倒扣	出现安全事故则停止操作，或酌扣 5 ~ 30 分		
		27	机床整理	倒扣			